观赏植物百科

主　编　赖尔聪 / 西南林业大学

副主编　孙卫邦 / 中国科学院昆明植物研究所昆明植物园

石卓功 / 西南林业大学林学院

中国建筑工业出版社

图书在版编目（CIP）数据

观赏植物百科3／赖尔聪主编.—北京：中国建筑工业出版社，2013.10
ISBN 978-7-112-15806-5

Ⅰ.①观… Ⅱ.①赖… Ⅲ.①观赏植物—普及读物 Ⅳ.①S68-49

中国版本图书馆CIP数据核字（2013）第210056号

多彩的观赏植物构成了人类多彩的生存环境。本丛书涵盖了3237种观赏植物（包括品种341个），按"世界著名的观赏植物"、"中国著名的观赏植物"、"常见观赏植物"、"具有特殊功能的观赏植物"和"奇异观赏植物"等5大类43亚类146个项目进行系统整理与编辑成册。全书具有信息量大、突出景观应用效果、注重形态识别特征、编排有新意、实用优先等特点，并集知识性、趣味性、观赏性、科学性及实用性于一体，图文并茂，可读性强。本书是《观赏植物百科》的第3册，主要介绍常见观赏植物。

本书可供广大风景园林工作者、观赏植物爱好者、高等院校园林园艺专业师生学习参考。

责任编辑：吴宇江
书籍设计：北京美光设计制版有限公司
责任校对：肖　剑　刘　钰

观赏植物百科3
主　编　赖尔聪／西南林业大学
副主编　孙卫邦／中国科学院昆明植物研究所昆明植物园
　　　　石卓功／西南林业大学林学院
＊
中国建筑工业出版社出版、发行（北京西郊百万庄）
各地新华书店、建筑书店经销
北京美光设计制版有限公司制版
北京方嘉彩色印刷有限责任公司印刷
＊
开本：787×1092毫米　1/16　印张：21　字数：408千字
2016年1月第一版　2016年1月第一次印刷
定价：120.00元
ISBN 978－7－112－15806－5
　　　　　　（24552）

序

　　国人先辈对有观赏价值植物的认识早有记载，"桃之夭夭，灼灼其华"（《诗经·周南·桃夭》），描述桃花华丽妖艳，淋漓尽致。历代文人，咏花叙梅的名句不胜枚举。近现代，观赏植物成为重要的文化元素，是城乡建设美化环境的主要依托。

　　众所周知，城市景观、河坝堤岸、街道建设、人居环境等均需要园林绿化，自然离不开各种各样的观赏植物。大到生态环境、小到居家布景，观赏植物融入生产、生活的方方面面。已有一些图著记述观赏植物，大多是区域性或专类性的，而涵盖全球、涉及古今的观赏植物专著却不多见。

　　《观赏植物百科》的作者，在长期的教学和科研中，以亲身实践为基础，广集全球，遍及中国古今，勤于收集，精心遴选3237种（包括品种341个），按"世界著名的观赏植物"、"中国著名的观赏植物"、"常见观赏植物"、"具有特殊功能的观赏植物"和"奇异观赏植物"5大类43亚类146个项目进行系统整理并编辑成册。具有信息量大，突出景观应用效果，注重形态识别特征，编排有新意，实用优先等特点，集知识性、趣味性、观赏性、科学性及实用性于一体，号称"百科"，不为过分。

　　《观赏植物百科》图文相兼，可读易懂，能广为民众喜爱。

中国科学院院士 吴征镒

2012年10月19日于昆明

前言

    展现在人们眼前的各种景色叫景观,景观是自然及人类在土地上的烙印,是人与自然、人与人的关系以及人类理想与追求在大地上的投影。就其形成而言,有自然演变形成的,有人工建造的,更多的景观则是天人合一而成的。就其规模而言,有宏大的,亦有微小的。就其场地而言,有室外的,亦有室内的。就其时间而言,有漫长的演变而至,亦有瞬间造就而成,但无论是哪一类景观,其组成都离不开植物。

    植物是构成各类景观的重要元素之一,它始终发挥着巨大的生态和美化装饰作用,它赋景观以生命,这些植物统称观赏植物。

    观赏植物种类繁多,姿态万千,有木本的,有草本的;有高大的,有矮小的;有常绿的,有落叶的;有直立的,有匍匐的;有一年生的,有多年生的;有陆生的,有水生的;有"自力更生"的,亦有寄生、附生的;还有许多千奇百怪、情趣无穷的。确实丰富多彩,令人眼花缭乱。

    多彩的观赏植物构成了人类多彩的生存环境。随着社会物质文化生活水平的提高,人们对自身生存环境质量的要求也不断提高,植物的应用范围、应用种类亦不断扩大。特别是随着世界信息、物流速度的加快,无数植物的"新面孔"不断地涌入我们的眼帘,进入我们的生活。这是什么植物?有什么作用?一个又一个问题困惑着人们,常规的教材已跟不上飞快发展的现实,知识需要不断地补充和更新。

    为实现恩师郭荫卿教授"要努力帮助更多的人提高植物识别、应用和鉴赏能力"的遗愿,我坚持了近10年时间,不仅走遍了中国各省区的名山大川,包括香港、台湾,还到过东南亚、韩国、日本及欧洲13个国家。将自己有幸见过并认识的3000多种植物整理成册,献给钟爱植物的朋友,并与大家一同分享识别植物的乐趣。

    3000多种虽只是多彩植物长河中的点点浪花,但我相信会让朋友们眼界开阔,知识添新,希望你们能喜欢。

    为使读者快捷地各取所需,本书以观赏植物的主要功能为脉络,用人为分类的方法将3237种(含341个品种)植物分为5大类、43亚类、146项目编排,在同一小类及项目中,原则上按植物拉丁名的字母顺序排列。拉丁学名的异名中,属名或种加词有重复使用时,一律用缩写字表示。

    本书附有7个附录资料、3种索引,供不同要求的读者查寻。

    编写的过程亦是学习的过程,错误和不妥在所难免,愿同行不吝赐教。

赖尔聪

2012年5月1日

目录

3 常见观赏植物

1121	凤梨（菠萝） *Ananas comosus*	凤梨科	凤梨属
		常绿宿根花卉	

原产美洲热带

喜光；喜高温多湿，生育适温20～28℃，越冬
10℃以上

1122	番荔枝 *Annona squamosa* (*Guanabanus squamosus*)	番荔枝科	番荔枝属
		常绿小乔木	

原产美洲热带

喜光；喜高温湿润，亦耐旱

1123	**面包树** *Artocarpus altilis (A. incisus, A. communis)*	桑科	桂木属
		常绿大乔木	

原产波利尼西亚、马来西亚至泰国
喜光；喜高温高湿度，生育适温
22～32℃

1124	**木菠萝**（树菠萝、菠萝蜜、天菠萝、牛肚子果） *Artocarpus heterophyllus (A. heterophylla)*	桑科	桂木属
		常绿乔木	

原产印度和马来西亚
喜光；喜高温高湿，生长适温22～32℃；
喜微酸性土壤

1125	**猴面果** *Artocarpus lakoocha*	桑科	桂木属
		常绿乔木	

原产印度、马来西亚、印度尼西亚和新加坡

喜光；喜温暖高湿，生育适温23～32℃

1126	**阳桃**（杨桃、洋桃、五敛子） *Averrhoa carambola*	阳桃科	阳桃属
		常绿乔木	

原产东南亚热带

喜光；喜暖热湿润，生育适温23～32℃；耐旱

1127	**番木瓜**（缅瓜、万寿果、木瓜、番瓜） *Carica papaya*	番木瓜科　番木瓜属
		常绿软木质小乔木

原产美洲热带

喜光，亦耐阴；喜温暖至高温；喜湿润，
忌干旱

1128	**南酸枣**（五眼果、鼻涕果、酸枣） *Choerospondias axillaris*	漆树科　南酸枣属
		落叶乔木

产我国中部、南部、西南部，日本、越南、缅
甸、印度有分布

喜光，稍耐阴；喜温暖湿润

1129	**星苹果**（茄米都果、金星果）	山榄科	金叶树属
	Chrysophyllum cainito	常绿乔木	

原产美洲热带

喜光；喜高温湿润，生育适温23～32℃

1130	**酸橙**	芸香科	柑橘属
	Citrus aurantium	常绿灌木或小乔木	

产亚洲热带

喜光；喜温暖至高温，稍耐旱

1131	**柚**（文旦、栾、抛） *Citrus grandis* (*C. maxima*)	芸香科	柑橘属
		常绿小乔木	

原产印度

喜光；喜温暖湿润至高温；喜微酸性土壤

1132	**柠檬**（洋柠檬） *Citrus limon*	芸香科	柑橘属
		常绿大灌木或小乔木	

原产印度、马来西亚

喜光；喜高温，生育适温22～29℃；喜微酸性
土壤

| 1133 | 四季橘
Citrus mitis (C. microcarpa) | 芸香科 | 柑橘属 |
| | | 常绿灌木或小乔木 | |

原产中国
喜光；喜高温，生育适温22～29℃

| 1134 | 柑橘（宽皮橘、红橘、朱砂橘）
Citrus reticulata | 芸香科 | 柑橘属 |
| | | 常绿灌木或小乔木 | |

原产我国，广布长江以南各省
喜光；喜温暖湿润，稍耐寒

甜橙（橙、广柑）	芸香科	柑橘属
Citrus sinensis	常绿小乔木	

我国分布长江流域以南各省

喜光；喜温暖湿润，要求年平均气温17℃以

上；喜微酸性或中性砂壤

摄于巴黎凡尔赛宫

1136	黄皮（黄弹）	芸香科	黄皮属
	Clausena lansium	常绿灌木或小乔木	

我国产西南至台湾

喜光；喜温暖至暖热湿润

1137 龙眼（桂圆）

Dimocarpus longan (Euphoria l.)

无患子科	龙眼属
常绿乔木	

产我国南方

喜光，稍耐阴；喜高温，生育适温20～30℃；耐旱

1138 菲律宾柿（毛柿、异色柿、台湾柿）

Diospyros discolor (D. blancoi, D. philippinensis)

柿树科	柿属
常绿乔木	

原产中国及东南亚

喜光；喜温暖多湿，生育适温23～30℃

9

1139	**长叶柿** *Diospyros tristis*	柿树科	柿属
		常绿乔木	

原产印度、马来西亚
喜光，喜高温湿润

1140	**金枣**（长实金柑、金柑、金橘、金弹、牛奶橘） *Fortunella margarita*（*F. crassifolia*，*Citrofortunella mitis*）	芸香科	金橘属
		常绿灌木	

原产我国南部温暖地区
喜光；喜高温，生育适温22～29℃；耐旱；喜
微酸性土壤

1141	山竹（凤柿）	藤黄科	山竹子属
	Garcinia mangostana	常绿乔木	

产印度尼西亚、马来西亚

喜光；喜高温湿润，生育适温24～33℃

1142	龙珠果（四棱金刚、量天尺、霸王花、三棱箭）[火龙果]	仙人掌科	量天尺属
	Hylocereus undatus(*H. undulates*)	肉质植物	

原产墨西哥、巴西及西印度群岛

喜半日照；喜高温，生育适温18～28℃，越冬
5℃以上；喜干旱

| 1143 | 荔枝（丹木荔）
Litchi chinensis（Euphoria ch.） | 无患子科 | 荔枝属 |
| | | 常绿乔木 | |

原产我国南部

喜光；喜高温，生育适温20～30℃；喜酸性土壤

| 1144 | 蛋黄果（仙桃）
Lucuma nervosa（Pouteria campechiana, Achras lucuma, P. l.） | 山榄科 | 果榄属 |
| | | 常绿乔木 | |

原产西印度群岛和中美洲

喜光；喜高温，不耐寒，生育适温23～30℃；耐旱

1145 西印度樱桃（大果金虎尾、大果黄褥花）

Malpighia glabra (*M. g.* 'Florida')

金虎尾科　金虎尾属

常绿灌木至小乔木

原产美洲热带、西印度群岛

喜光；喜高温湿润，生育适温22～30℃

1146 杧果（芒果、檬果、樣）

Mangifera indica

漆树科　杧果属

常绿乔木

原产印度及马来西亚

喜光；喜高温，生育适温22～32℃

1147	**人心果**（铁线子） *Manilkara zapota（Achras z.）*	山榄科	人心果属
		常绿小乔木	

原产美洲热带

喜光；喜高温，生育适温22～30℃；耐旱

1148	**文定果**（西印度樱桃、南美假樱桃、丽李） *Muntingia calabura*	椴树科	文定果属
		常绿小乔木	

原产南美洲热带、西印度群岛

喜光；喜高温，生长适温23～32℃

1149	小果野芭蕉 *Musa acuminata* (*M. sumatrana, M. a.* var. *s.*)	芭蕉科　　　芭蕉属
		大型树状宿根植物

原产亚洲热带

喜光；喜温暖至高温；喜湿润

1150	芭蕉（绿天、甘露） *Musa basjoo*	芭蕉科　　　芭蕉属
		大型树状宿根植物

原产亚洲热带

喜光，耐半阴；喜温暖至高温；不耐干旱和积水

1151	**指蕉** *Musa nana* cv.	芭蕉科	芭蕉属
		大型树状宿根植物	

原产亚洲热带
喜光；喜高温湿润

1152	**红毛丹**（韶子） *Nephelium lappaceum*	无患子科	韶子属
		常绿乔木	

原产马来半岛
喜光；喜高温湿润

1153	**油梨**（鳄梨、樟梨、酪梨）	樟科	鳄梨属
	Persea americana	常绿乔木	

原产巴西

喜光；喜高温湿润，生育适温22～32℃

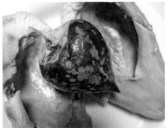
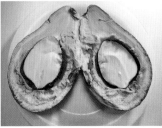

1154	**番龙眼**（拔那龙眼）	无患子科	番龙眼属
	Pometia pinnata（*P. alnifolia*，*P. gracilis*，*P. macrocarpa*）	常绿乔木	

原产印度、印度尼西亚、马来西亚，

以及我国云南和台湾

喜光；喜高温湿润

1155	**番石榴**（鸡矢果）	桃金娘科	番石榴属
	Psidium guajava	常绿大灌木或小乔木	

原产南美洲
喜光；喜暖热，生育适温23～30℃；喜湿润，
亦耐旱

1156	**热带梨**（沙梨、梨）	蔷薇科	梨属
	Pyrus pyrifolia cv.	落叶灌木	

分布中国及东南亚
喜光；喜高温湿润

1157	**南美香瓜茄**（香艳梨）［人参果］ *Solanum muricatum*	茄科	茄属
		一年生草本	

原产南美洲

喜光；喜温暖多湿，生育适温18～25℃；忌积水

1158	**水莲雾** *Syzygium agueum*（*Eugenia aquea*）	桃金娘科	蒲桃属
		常绿灌木至小乔木	

产印度

喜光；喜高温高湿

1159	**蒲桃**（水蒲桃、檐木、香果） *Syzygium jambos (S. j.* var. *j., Eugenia j.)*	桃金娘科	蒲桃属
		常绿小乔木	

原产东亚，我国产于云南南部
喜光；喜高温高湿；不耐旱，耐湿

观
果
植
物

1160	**莲雾**（洋蒲桃） *Syzygium samarangense (Eugenia javanica)*	桃金娘科	蒲桃属
		常绿乔木	

原产马来西亚和印度尼西亚
喜光；喜高温高湿，生长适温22～30℃；喜酸
性、微酸性土壤

1161 红花蒲桃（马六甲蒲桃）
Syzygium malaccense（Eugenia malaccensis）

桃金娘科　　蒲桃属
常绿乔木

原产马来西亚
喜光；喜高温高湿

1162 酸荚（酸豆、罗望子、菜树、罗晃子）
Tamarindus indica

苏木科　　酸荚属
常绿乔木

原产非洲热带、印度
喜光，耐半阴；喜高温，生育适温23～32℃；
耐旱

摄于泰国

1163	**滇刺枣**（毛叶枣）[西西果] *Ziziphus mauritiana*	鼠李科	枣属
		常绿或半常绿灌木或小乔木	

产我国云南，广布亚洲、非洲、澳大利亚热带
喜光；喜高温，耐干热，生育适温23～32℃；
耐干旱瘠薄

1164	**台湾青枣**（元谋青枣） *Ziziphus mauritiana* 'Tai Wan' (*Z. m.* 'Yuan Mou')	鼠李科	枣属
		常绿灌木	

栽培品种
喜光；喜高温，耐干热；耐干旱瘠薄

1165 中华猕猴桃（猕猴桃、几维果、杨桃、羊桃）

Actinidia chinensis

猕猴桃科	猕猴桃属
落叶缠绕性藤本	

原产我国，广布长江流域及以南各省区

喜光，略耐阴；喜温暖，越冬-7℃以上；不耐旱；喜微酸性土壤

1166 美国黄金油桃

Amygdalus persica 'Aupea'

蔷薇科	桃属
落叶小乔木	

原产中国

喜光；喜温暖湿润

1167	车厘子—宾莹 *Cerasus avium* ′Bing′ (*Prunus a.* ′B.′)	蔷薇科	樱属
		落叶小乔木	

美国育成
喜光；喜温暖，生育适温10～22℃；稍耐旱，
忌积水

1168	大果樱桃 *Cerasus cv.*	蔷薇科	樱属
		落叶小乔木	

美国育成
喜光；喜温暖，生育适温10～22℃；稍耐旱，
忌积水

樱桃（中国樱桃）

1169

Cerasus pseudocerasus（Prunus p.）

蔷薇科	樱属
落叶乔木	

原产中国

喜光；喜温暖湿润，生育适温15～26℃，耐寒；耐干旱瘠薄

木瓜（木梨）

1170

Chaenomeles sinensis

蔷薇科	木瓜属
落叶灌木或小乔木	

产我国华中、华东多地

喜光；喜温暖，生育适温16～24℃；不耐旱

1171	**香橼**（枸橼、香黎橼、香泡树）	蔷芸香科	柑橘属
	Citrus medica（*C. limonia* var. *meyerslemon*）	常绿灌木或小乔木	

原产我国南部、西南部

喜光；喜温暖湿润，生育适温22～29℃；喜微
酸性土壤

1172	**佛手**（佛手柑、五指柑）	芸香科	柑橘属
	Citrus medica var. *sarcodactylis*（*C. sarcodactylus*）	常绿灌木或小乔木	

原产我国南部、西南部

喜光；喜温暖湿润，生育适温22～29℃；喜微
酸性土壤

1173	**山楂**（山里红） *Crataegus pinnatifida*	蔷薇科	山楂属
		落叶小乔木	

产我国北部至长江中下游
喜光，稍耐阴；喜干冷；耐干旱瘠薄

1174	**大果山楂**（山楂） *Crataegus pinnatifida* var. *major*	蔷薇科	山楂属
		落叶小乔木	

原种产中国
喜光，稍耐阴；喜干冷；耐干旱瘠薄

27

1175	**红果山楂** *Crataegus sanguinea*	蔷薇科	山楂属
		落叶小乔木	

产新疆多地
喜光；喜温暖；耐旱

1176	**云南山楂**（山林果） *Crataegus scabrifolia (C. henryi)*	蔷薇科	山楂属
		落叶乔木	

产我国云南、贵州、四川及广西
喜光，喜温暖湿润，耐旱

| 1177 | **柿树** *Diospyros kaki* | 柿树科 | 柿树属 |
| | | 落叶乔木 | |

原产我国华中及日本

喜光，略耐阴；喜冷凉至温暖，生育适温
15～25℃；耐干旱瘠薄

| 1178 | **君迁子**（软枣、黑枣、羊矢枣）
Diospyros lotus (D. l. var. l.) | 柿树科 | 柿树属 |
| | | 落叶乔木 | |

原产我国，广布

喜光；喜温暖至高温，生育适温18～28℃；耐
湿亦耐旱

1179	**云南栘依**（西南栘依）	薔薇科	栘依属
	Docynia delavayi (Pyrus d.)	常绿乔木	

产我国云南、贵州、四川
喜光，稍耐阴；耐干旱瘠薄

1180	**枇杷**（金丸、卢橘）	薔薇科	枇杷属
	Eriobotrya japonica	常绿小乔木	

原产中国
喜光，稍耐阴；喜温暖，生育适温15～28℃，越冬0℃以上

1181	**无花果** *Ficus carica*	桑科	榕属
		落叶灌木或小乔木	

原产西亚、地中海地区

喜光；喜高温高湿，生育适温22～30℃；耐旱

1182	**草莓** *Fragaria ananassa*	蔷薇科	草莓属
		匍匐状宿根花卉	

杂交种

喜光，耐半阴；喜温暖，生育适温15～20℃

1183	南方枳椇（枳椇、拐枣）	鼠李科	枳椇属
	Hovenia acerba (*H. a.* var. *a., H. parviflora*)	落叶乔木	

产我国云南中部、西北、西南
喜光，耐侧阴；稍耐寒；耐湿，耐干旱瘠薄

1184	花红（沙果、林檎）	蔷薇科	苹果属
	Malus asiatica	落叶小乔木	

原产东亚，我国北部及西南有分布
喜半日照；喜温暖湿润；耐湿

1185	苹果	蔷薇科	苹果属
	Malus domestica (*M. pumila* 'D.')	落叶灌木或小乔木	

原产欧洲东南部、小亚细亚及高加索一带
喜光；喜冷凉和干燥，不耐瘠薄

1186	矮化苹果	蔷薇科	苹果属
	Malus pumila (*M. p.* 'Domestica')	落叶灌木	

原产欧洲东南部、小亚细亚及高加索一带
喜光；喜冷凉和干燥；不耐瘠薄

桑树（家桑、白桑）

Morus alba

桑科	桑属
落叶乔木	

原产我国中部及东部

喜光，亦耐半阴；喜高温高湿，生育适温
20～28℃；耐干旱瘠薄和水湿

观
果
植
物

上海溢桐屋顶花园之一

杨梅（树杨梅、火实、朱红）

1188

Myrica rubra

杨梅科	杨梅属
常绿乔木	

产我国长江以南，日本、朝鲜半岛南部及南洋诸国有分布

喜光，稍耐阴；喜温暖，生育适温15～28℃；喜酸性土壤

雄花序

洋李

1189

Prunus domestica

蔷薇科	李属
落叶小乔木	

杂交种

喜光；喜温暖湿润

摄于德国

李（山李子、嘉庆子、玉皇子）　　　薔薇科　　李属

Prunus salicina　　　　　　　　　　　　　落叶小乔木

产中国

喜光，亦耐半阴；喜温暖，生育适温15～26℃，

能耐-35℃低温；耐干旱瘠薄

观果植物

1191	西洋梨 *Pyrus communis*	蔷薇科	梨属
		落叶小乔木	

杂交种
喜光；喜温暖湿润

摄于德国

1192	加州红梨 *Pyrus communis* cv.	蔷薇科	梨属
		落叶小乔木	

美国培育
喜光；喜温暖湿润

| 1193 | **沙梨**
Pyrus pyrifolia (*P. serotina*) | 蔷薇科 | 梨属 |
| | | 落叶乔木 | |

产我国长江流域、华南、西南
喜光；喜温暖湿润，不耐寒

| 1194 | **红色砂梨**（安宁红梨）［美人苏］
Pyrus pyrifolia 'Rubra' | 蔷薇科 | 梨属 |
| | | 落叶乔木 | |

杂交种，我国云南安宁培育
喜光；喜温暖湿润

宝珠梨	蔷薇科	梨属
Pyrus pyrifolia cv.	落叶乔木	

1195

我国昆明特产
喜光；喜温暖湿润

库尔香梨	蔷薇科	桑属
Pyrus sinkiangensis	落叶乔木	

1196

我国新疆特产
喜光；喜冷凉至温暖，耐高温；喜湿润，亦耐旱

1197	日本黄梨	蔷薇科	梨属
	Pyrus sp.	落叶小乔木	

日本培育
喜光；喜温暖湿润

1198	树莓	蔷薇科	悬钩子属
	Rubus hybridus	落叶灌木	

杂交种，美国培育
喜光；喜温暖湿润；稍耐旱

1199 **蓝莓**（蓝梅、蓝浆果、兔眼越橘、伞房越橘）　越橘科　越橘属

Vaccinium vitis-idaea (*V. corymbosum, V. hybrid* 'Rabit Eyes')　常绿小灌木

产我国北部，俄罗斯、蒙古、北欧及北美亦有
分布
喜半日照，耐阴；喜凉爽至温暖湿润，耐寒；
不耐水湿

1200	**葡萄**（蒲陶） *Vitis vinifera*	葡萄科	葡萄属
		落叶大藤本	

原产高加索地区

喜光，不耐阴；喜夏季高温，生育适温18～28℃；
耐旱

1201	**巨峰葡萄** *Vitis vinifera* 'Kyoho'	葡萄科	葡萄属
		落叶大藤本	

杂交种，原产日本，中国广泛栽培

喜光，不耐阴；喜夏季高温，生育适温
18～28℃

观果植物

1202	**枣树**	鼠李科	枣属
	Ziziphus jujuba (Z. sativa)	落叶小乔木或灌木	

原产我国黄河流域
喜光；喜温暖，生育适温15～25℃；耐干旱瘠薄

1203	**金丝枣**	鼠李科	枣属
	Ziziphus jujuba 'Jin Si Zao'	落叶小乔木或灌木	

原产中国
喜光；喜温暖，生育适温15～25℃；耐干旱瘠薄

| 1204 | **臭椿**（樗树） | 苦木科 | 臭椿属 |
| | *Ailanthus altissima* | 落叶乔木 | |

我国东北、华北、西北至长江流域普遍分布，日
本、朝鲜半岛有分布
喜光；喜冷凉至温暖，能耐－37℃低温；极耐干
旱瘠薄；耐较重盐碱

| 1205 | **千头臭椿**（千头椿） | 苦木科 | 臭椿属 |
| | *Ailanthus altissima* 'Qiantou' | 落叶乔木 | |

栽培品种，原产中国
喜光；喜冷凉至温暖，耐寒；耐干旱瘠薄

1206	**朱砂根**（红铜果、大罗伞）	紫金牛科	紫金牛属
	Ardisia crenata	常绿灌木	

产我国长江流域及以南亚热带地区，日本、朝
鲜半岛亦有分布
喜半日照，耐阴；喜冷凉至温暖，生长适温
15～25℃，越冬在10℃以上

1207	**紫金牛**（矮金牛、千年不大、矮地茶）[富贵子、吉祥果]	紫金牛科	紫金牛属
	Ardisia japonica	常绿小灌木	

分布中国、日本、朝鲜半岛
耐阴；喜冷凉至温暖，生育适温15～25℃

| 1208 | 欧洲鹅耳枥 | 榛科 | 鹅耳枥属 |
| | *Carpinus betulus* | 落叶乔木 | |

分布中国、朝鲜半岛、日本
喜光，亦耐阴；喜温暖湿润；耐寒耐干旱瘠薄

摄于巴黎凡尔赛宫

| 1209 | 翅果决明（翅荚槐、刺荚黄槐） | 苏木科 | 决明属 |
| | *Cassia alata* (*Senna a.*) | 常绿小乔木 | |

原产美洲热带
喜光；喜暖热，生育适温23～30℃；耐旱

1210 **云南牛栓藤**
Connarus yunnanensis

牛栓藤科　牛栓藤属
藤状灌木

产我国云南南部和广东
喜光；喜高温湿润

1211 **炮弹果**（葫芦树）
Crescentia cujete(*Parmentiera cu.*)

紫葳科　炮弹果属
常绿乔木

原产墨西哥
喜光，喜温暖至高温，生育适温20～28℃；耐旱

| 1212 | **青钱柳** *Cyclocarya paliurus* | 胡桃科 | 青钱柳属 |
| | | 落叶乔木 | |

我国特产，主产长江流域
喜半日照，喜温暖至高温，喜水湿

| 1213 | **白牛筋**（牛筋条） *Dichotomanthes tristaniaecarpa* | 蔷薇科 | 牛筋条属 |
| | | 常绿灌木或小乔木 | |

原产我国云南
喜光，稍耐阴；不耐寒，耐
干旱瘠薄；喜酸性土壤

1214	**疏花卫矛** *Euonymus laxiflorus*	卫矛科	卫矛属
		常绿灌木	

产中国

喜光；喜温暖湿润，耐寒；耐旱

1215	**千斤拔**（球穗、佛来明豆） *Flemingia strobilifera*	蝶形花科	千斤拔属
		常绿小灌木	

原产印度至马来西亚

喜光；喜高温湿润

摄于新加坡

古斯塔
Gustavia superba

玉蕊科	古斯塔属
常绿乔木	

原产哥斯达黎加、巴拿马、哥伦比亚
喜光，耐半阴；喜高温湿润

摄于新加坡

观果植物

50

1217	**观果金丝桃**	金丝桃科	金丝桃属
	Hypericum androsaemum	常绿灌木	

产英国

喜光，耐半阴；喜温暖湿润

摄于德国

1218	**斑叶观果金丝桃**	金丝桃科	金丝桃属
	Hypericum androsaemum 'Variegare'	常绿灌木	

栽培品种

喜光，耐半阴；喜温暖湿润

| 1219 | **山桐子**（山梧桐、水冬哥、饭桐）
Idesia polycarpa | 大风子科 | 山桐子属 |
| | | 落叶乔木 | |

产我国云南、贵州、四川、湖南、广西等地，越南、老挝亦有
喜光，稍耐阴；喜温暖至高温，不耐寒，生育适温15～27℃；忌积水

| 1220 | **郁香忍冬**（羊奶子）
Lonicera fragrantissima | 忍冬科 | 忍冬属 |
| | | 半常绿灌木或小乔木 | |

我国分布华中、华东
喜光；喜温暖湿润

1221	细腺萼木 *Mycetia aracilis*	茜草科	腺萼木属
		常绿灌木	

产亚洲热带，我国分布云南南部
喜光，亦耐半阴；喜温暖至高温；耐旱

1222	美花叶下珠（毛瓣叶下珠、云桂叶下珠） *Phyllantus pulcher*	大戟科	叶下珠属
		常绿灌木	

分布亚洲热带、亚热带
喜光；喜高温湿润

1223	**叶下珠** *Phyllanthus urinaria*	大戟科	叶下珠属
		一年生花卉	

原产亚洲热带

喜光；喜高温湿润，生育适温20~25℃

1224	**长叶排钱草** *Phyllodium longipes (Desmodium l.)*	蝶形花科	排钱草属
		亚灌木	

产亚洲热带

喜光；喜高温湿润

排钱草

1225

Phyllodium pulchellum (Desmodium species, D. pu.)

蝶形花科	排钱草属
亚灌木	

产我国南部

喜光，亦耐半阴；喜温暖至高温；耐旱

台湾海桐

1226

Pittosporum pentandrum

海桐花科	海桐花属
常绿小乔木	

原产中国、菲律宾、中南半岛

喜光；喜暖热，生育适温20～23℃；耐旱，耐潮

1227 **月季石榴**（四季石榴、矮石榴）
Punica granatum 'Nana'

安石榴科　石榴属

落叶小灌木

原产伊朗、阿富汗

喜光；喜高温高湿，生育适温23～30℃；耐干旱瘠薄

观果植物

56

千瓣月季石榴

1228

Punica granatum 'Nana Plena'

安石榴科	石榴属
落叶小灌木	

原产伊朗、阿富汗

喜光；喜高温高湿，生育适温23～31℃；耐干旱瘠薄

欧洲茶藨子（圆醋栗、灯笼果）

1229

Ribes grossularia

茶藨子科	茶藨子属
落叶灌木	

产欧洲

喜光，稍耐阴；喜冷凉至温暖，不耐寒

1230	**大果蔷薇** *Rosa webbiana*	蔷薇科	蔷薇属
		常绿带刺灌木	

产我国西北

喜光；喜冷凉湿润，耐寒；耐旱

观果植物

1231	**珊瑚樱**（寿星果、吉庆果、冬珊瑚） *Solanum pseudo-capsicum* (*S. p.*var. *p.*)	茄科	茄属
		常绿亚灌木	

原产欧、亚热带，我国安徽、江西、广东、广
西和云南均有

喜光，耐半阴；喜温暖至高温，生育适温
15～30℃，越冬5℃以上；忌干旱

1232	**红果树**	蔷薇科	红果树属
	Stranvaesia davidiana	常绿小乔木	

产我国西北、西南及华中地区

喜光耐半阴；喜温暖至冷凉，生长适温

10～20℃，越冬5℃以上

1233	**观赏玉米**	禾本科	玉蜀黍属
	Zea mays cv.	一年生植物	

原产南美洲至墨西哥

喜光；喜温暖湿润，生育适温15～24℃

紫叶桃

Amygdalus persica 'Atropurpurea' (*Prunus p. f. a.*)

蔷薇科　　桃属

落叶灌木或小乔木

原产中国

喜光；喜温暖，生长适温15～26℃；耐旱

叶、花、果皆美的树木

海杧果（海檬果、海果、黄金茄、牛心荔） 夹竹桃科 海杧果属
Cerbera manghas 常绿小乔木

1235

原产我国南部，以及亚洲及太平洋热带
喜光；喜温暖至高温，生育适温22～32℃；抗风；耐旱

摄于海南

砰砰果 夹竹桃科 海杧果属
Cerbera odollam 常绿乔木

1236

原产印度至太平洋诸岛
喜光；喜高温湿润；耐旱

摄于新加坡

1237	**鱼鳔槐**（膀胱豆） *Colutea arborescens*	蝶形花科	鱼鳔槐属
		落叶丛生灌木	

原产南欧地中海沿岸及北非
喜光，稍耐阴；喜温暖湿润，较耐寒

摄于德国

1238	**炮弹树** *Couroupita guianensis*	玉蕊科	炮弹树属
		落叶乔木	

世界热区栽培，我国南部、西南部有栽培
喜光；喜高温高湿，不耐寒，生育适温
23～32℃；耐旱

摄于吴哥

| 1239 | **五桠果**（第伦桃）
Dillenia indica (D. speciosa, D. yunnanensis) | 五桠果科 | 五桠果属 |
| | | 常绿乔木 | |

原产中国及东南亚

喜光，耐半阴，喜高温多湿，生育适温23～32℃，越冬15℃以上

| 1240 | **印度第伦桃**（五桠果）
Dillenia ingens | 五桠果科 | 五桠果属 |
| | | 常绿乔木 | |

原产印度、印度尼西亚及所罗门群岛

喜光；喜高温湿润

摄于新加坡

| 1241 | **菲律宾第伦桃** *Dillenia philippinensis* | 五桠果科 | 五桠果属 |
| | | 常绿乔木 | |

原产菲律宾

喜光；喜高温湿润

摄于新加坡

| 1242 | **大叶第伦桃** *Dillenia suffruticosa (Wormia s.)* | 五桠果科 | 五桠果属 |
| | | 常绿乔木 | |

原产亚洲热带

喜光；喜高温湿润

摄于新加坡

1243	**花叶假连翘**	马鞭草科	假连翘属
	Duranta repens 'Variegata' (*D. erecta* 'V.')	常绿小灌木	

原产南美

喜光；喜高温高湿，生育适温22～30℃，越冬
5℃以上

1244	**欧洲假连翘**	马鞭草科	假连翘属
	Duranta sp.	常绿蔓性藤本	

产欧洲

喜光；喜温暖湿润

摄于德国

1245	**黄边假连翘**（花叶假连翘） *Duranta* 'Variegated Dwarf '	马鞭草科	假连翘属
		常绿小灌木	

原产南美
喜光；喜高温高湿

1246	**水石榕**（水杨柳、水柳树） *Elaeocarpus hainanensis*	杜英科	杜英属
		常绿小乔木	

产我国云南东南部、海南
喜光，亦耐阴；喜暖热湿润，生育适温
18～28℃；喜微酸性土壤

1247 栓翅卫矛（卫矛、鬼箭羽、四棱树）

Euonymus alatus

卫矛科　卫矛属

落叶灌木

产我国云南西北部、中部

喜光，稍耐阴；耐寒；耐干旱瘠薄

1248 银边卫矛（银边扶芳藤）

Euongmus fortunei 'Emerald Galety'

卫矛科　卫矛属

常绿灌木

栽培品种

喜光；喜温暖湿润

| 1249 | 花叶卫矛（花叶黄杨）
Euonymus fortunei 'Silver Queen' | 卫矛科 | 卫矛属 |
| | | 常绿灌木 | |

栽培品种
喜光，喜温暖湿润

| 1250 | 银边黄杨
Euonymus japonicus 'Argenteo-variegatus' (*E. j.* var. albomarginaus) | 卫矛科 | 卫矛属 |
| | | 常绿灌木 | |

原产中国、日本、朝鲜、韩国
喜散光；喜温暖，生育适温15～25℃

金心黄杨

1251 *Euonymus japonicus* 'Medio-Pictus'
(*E. j.* var. *aureo-variegatus, E. j.* 'Aureo-pictus')

卫矛科　卫矛属

常绿灌木

原产中国、日本、朝鲜、韩国
喜散光；喜温暖，生育适温15～25℃

金边黄杨

1252 *Euonymus japonicus* 'Ovatus Aureus' (*E. j.* 'Aureo-variegatus')

卫矛科　卫矛属

常绿灌木

原产中国、日本、朝鲜、韩国
喜散光；喜温暖，生育适温15～25℃

1253	**银边枸骨**（银边刺叶冬青）	冬青科	冬青属
	Ilex aguifolium 'Argentea Marginana Pendula'	常绿灌木	

栽培品种
喜光，稍耐阴；喜温暖湿润

1254	**花叶枸骨**（花叶刺叶冬青）	冬青科	冬青属
	Ilex aguifolium 'Golden Milkboy'	常绿灌木	

栽培品种
喜光，稍耐阴；喜温暖湿润

1255	金边构骨（金边刺叶冬青）	冬青科	冬青属
	Ilex aguifolium 'Handsworth New Silver'	常绿灌木	

栽培品种

喜光，稍耐阴；喜温暖湿润

1256	构　骨（鸟不宿、老虎刺、猫儿刺、圣诞树）	冬青科	冬青属
	Ilex cornuta	常绿灌木或小乔木	

产我国长江中下游，朝鲜半岛亦有分布

喜光，稍耐阴；喜温暖湿润；喜酸性土壤

| 1257 | **无刺构骨**（满堂红） | 冬青科 | 冬青属 |
| | *Ilex cornuta* 'Burfordii' (*I. c.*var. *fortunei*) | 常绿灌木 | |

产我国长江中下游各省

喜光，稍耐阴；喜温暖湿润；喜酸性土壤

叶、花、果皆美的树木

| 1258 | **金波缘冬青** | 冬青科 | 冬青属 |
| | *Ilex crenata* 'Aureovariegata' (*I.* 'A.', *I.* 'Variegata') | 常绿灌木 | |

原产中国、日本

喜半阴，耐阴；喜温暖湿润；耐旱

1259	**波缘冬青**（大叶冬青、菠萝树）	冬青科	冬青属
	Ilex crenata 'Latifolia' (*I. c.* f. l., *I.* 'L.', *I. l.*)	常绿小乔木	

原产中国、日本

喜半阴，耐阴；喜温暖湿润；耐旱

摄于比萨斜塔旁

1260	**黄波缘冬青**	冬青科	冬青属
	Ilex crenata 'Luteovariegata' (*I.* 'L.')	常绿灌木	

原产中国、日本

喜半阴，耐阴；喜温暖湿润；耐旱

1261	**美国冬青** *Ilex opaca*	冬青科	冬青属
		常绿灌木	

分布美洲、亚洲
喜光；喜温暖湿润

摄于美国

1262	**栾 树**（北栾、北京栾、不老芽、灯笼树、栾华） *Koelreuteria paniculata*	无患子科	栾树属
		落叶乔木	

原产我国北部及中部
喜光，耐半阴；喜温暖至高温，生育适温15～25℃；耐
干旱瘠薄；喜石灰质土壤，耐盐渍

摄于巴黎

1263	猴罐树（砵果树）	玉蕊科	猴罐树属
	Lecythis ollaria	常绿乔木	

原产美洲热带
喜光；喜高温湿润

摄于新加坡

1264	翅叶鳞花木（鳞花木）	无患子科	鳞花木属
	Lepisanthes alata	常绿灌木至小乔木	

原产婆罗洲、爪哇、菲律宾
喜光；喜高温湿润

摄于新加坡

1265	**金莲木**（桂叶黄梅、米老鼠花） *Ochna kirkii (O. integerrima)*	金莲木科	金莲木属
		常绿灌木或小乔木	

原产非洲热带及东南亚

喜光，耐半阴；喜高温，生长适温23～30℃

摄于新加坡

1266	**华西小石积** *Osteomeles schwerinae (O. s. var. s.)*	蔷薇科	小石积属
		半常绿灌木	

产我国甘肃及云南、贵州、四川、西藏

喜光，喜温暖湿润，耐干旱瘠薄

1267 **黄盾柱木**（异果盾柱木、双翼豆、盾柱树） 苏木科 双翼豆属
Peltophorum pterocarpum（P. ferrugineum） 落叶乔木

原产亚洲热带、大洋洲
喜光；喜高温，生育适温22～28℃；不耐旱

1268 **猴耳环** 含羞草科 猴耳环属
Pithecellobium lucyi（Archidendron l.） 常绿乔木

原产马来西亚、澳大利亚昆士兰、所罗门群岛
喜光；喜高温湿润

1269 海 桐（海桐花、山矾、七里香）
Pittosporum tobira

产我国长江流域及东南沿海，日本、韩国有分布
喜光，耐半阴；喜温暖，生育适温15～28℃；耐旱；
耐盐碱

1270 花叶海桐
Pittosporum tobira 'Variegata'

海桐花科　　海桐花属

常绿灌木

原产中国、日本、韩国
喜光，耐半阴；喜温暖，生育适温15～28℃；
耐旱；耐盐碱

摄于香港迪士尼公司

叶、花、果皆美的树木

78

1271 括矢亚
Quassia amara

苦木科　括矢亚属
常绿灌木

原产美洲热带
喜光，耐半阴；喜高温湿润

摄于新加坡

1272 多脉猫乳
Rhamnella martinii

鼠李科　猫乳属
落叶灌木或小乔木

产我国云南中部
喜光，稍耐阴；喜温暖湿润

1273	**粉炬树**（欧洲火炬树） *Rhus* sp.	漆树科	盐肤木属
		落叶灌木	

产欧洲

喜光；喜温暖湿润；耐旱

摄于德国

1274	**火炬树**（鹿角漆） *Rhus typhina*	漆树科	盐肤木属
		落叶灌木或小乔木	

原产北美东北部

喜光；喜冷凉至温暖；耐旱；耐盐碱

1275 红果数珠珊瑚（红数珠果）

Rivina humilis 'Rubicarpa'

商陆科	数珠珊瑚属
常绿灌木	

原产西印度群岛

喜光；喜高温高湿；不耐干旱瘠薄

1276 大花茄

Solanum grandiflorum (*S. wrightii*, *S. maroniense*, *S. macranthum*)

茄科	茄属
常绿灌木	

原产南美玻利维亚、巴西

喜光；喜高温，生长适温22～30℃；耐旱

1277	**欧洲花楸**	蔷薇科	花楸属
	Sorbus aucuparia	落叶小乔木	

产欧洲
喜光；喜温暖湿润

摄于德国

1278	**混色花楸**	蔷薇科	花楸属
	Sorbus commixta	落叶小乔木	

产欧洲
喜光；喜温暖湿润

摄于德国

叶、花、果、皆美的树木

西南花楸

1279

Sorbus rehderiana

蔷薇科	花楸属
落叶乔木	

产我国云南西北、西藏东南，缅甸北部有分布

喜光，耐半阴；喜冷凉湿润

摄于云南娇子雪山

厚皮香

1280

Ternstroemia gymnanthera (T. parvifolia, T. g. var. g., Cleyera g.)

山茶科	厚皮香属
常绿灌木或小乔木	

原产我国南部，印度、日本也有分布

喜光，亦耐阴；喜温暖，耐高温，生育适温

18~28℃，能忍受-10℃低温；喜湿润，亦耐

旱；喜酸性土壤

1281	鳞斑荚蒾（点叶荚蒾、大青藤）	忍冬科	荚蒾属
	Viburnum punctatum	落叶小乔木	

产我国云南、贵州、四川，印度、尼泊尔、不丹、东南亚有分布
喜光亦耐阴；喜温暖湿润

1282	迎客松（黄山松）	松科	松属
	Pinus taiwanensis	常绿灌木	

产我国台湾
喜光，稍耐阴；喜温暖湿润；耐干旱瘠薄

观姿、干及根的树木

| 1283 | **地盘松** *Pinus yunnanensis* var. *pygmaea* | 松科 | 松属 |
| | | 常绿灌木 | |

产我国云南

喜光；喜温暖湿润；耐干旱瘠薄

| 1284 | **龙 柏**（螺丝柏） *Sabina chinensis* 'Kaizuca' | 柏科 | 圆柏属 |
| | | 常绿灌木或小乔木 | |

原产中国

喜光，亦耐阴；喜温凉，亦耐寒；耐干旱瘠薄

1285	**血皮槭** *Acer griseum*	槭树科	槭树属
		落叶灌木	

产我国四川、陕西、河南、湖北等地
喜光；喜温暖湿，较耐寒

1286	**垂枝洒金桃** *Amygdalus persica* 'Veriscolopendens'	蔷薇科	桃属
		落叶小乔木	

栽培品种
喜光；喜温暖湿润

1287 垂枝梅（照水梅）

薔薇科　　杏属

落叶乔木

Armeniaca mume var. *pendula*（*A. m. f. plena*、A.m. *Chuizhimei*）

梅的变种

喜光，稍耐阴；喜温暖湿润，生长适温15～25℃

1288 垂桦

桦木科　　桦木属

落叶乔木

Betula pendula（*B. verrucosa*）

产欧洲

喜光；喜温暖湿润；耐干旱瘠薄

白桦（粉桦）
Betula platyphylla

桦木科	桦木属
落叶乔木	

产我国东北、华北、西北及西南山区
喜光，耐严寒；喜酸性土壤，耐瘠薄

观姿、干及根的树木

昆士兰瓶树（瓶子树、沙漠水塔、瓶树）
Brachychiton rupestris (Sterculia r.)

梧桐科	澳洲梧桐属
常绿乔木	

原产澳大利亚昆士兰
喜光；喜高温高湿，生育适温15～28℃；耐旱

1291	垂枝鹅耳枥 *Carpinus* 'Pendula'	榛科	鹅耳枥属
		落叶乔木	

栽培品种

喜光；喜温暖湿润

摄于德国

1292	澳洲栗（皇冠树、栗豆树、黑豆树）[绿元宝、开心果] *Castanospermum australe*	蝶形花科	栗豆树属
		常绿小灌木	

产大洋洲

耐阴；喜温暖至高温；喜湿润，不耐旱

1293	**珠帘**（珠簾、瀑布草、一串幽帘）	葡萄科	白粉藤属
	Cissus nodosa（*C. sicyoides*）	常绿蔓性藤本	

原产文莱、印度尼西亚、马来西亚
喜光，亦耐阴；喜温暖至高温；喜湿润

1294	**垂枝水青冈**	壳斗科	水青冈属
	Fagus sylvatica f. *pendula*	落叶乔木	

产欧洲
喜光，较耐阴；喜温暖湿润

摄于巴黎

榕树（厚叶榕、细叶榕、人参榕）

Ficus microcarpa

桑科　　榕属

常绿灌木或乔木

原产中国、印度、东南亚、大洋洲

喜光；喜高温高湿，生育适温22～32℃；极耐旱，耐湿

1296	**竹叶榕**（柳叶榕） *Ficus stenophylla*	桑科	榕树属
		常绿小乔木	

产我国云南

喜光；喜高温高湿

1297	**紫花槐**（树蕨） *Filicium decipiens*	无患子科	紫花槐属
		常绿乔木	

原产印度、斯里兰卡

喜光；喜高温，生育适温22～30℃

1298	**佛肚树**（佛肚花、珊瑚花、珊瑚油桐、麻风树）	大戟科	膏桐属
	Jatropha podagrica	肉质亚灌木	

原产西印度群岛、中美洲、哥伦比亚

喜光，亦耐阴；喜高温湿润，生育适温25～30℃，越冬15℃以上；耐旱

1299	**萼紫薇**	千屈菜科	紫薇属
	Lagerstroemia calyculata	常绿乔木	

分布亚洲热带

喜光；喜高温高湿

摄于吴哥

1300	**酒瓶兰**（象腿树）	龙舌兰科	酒瓶兰属
	Nolina recurvata (*Beaucarnea r., N. tuberculata*)	常绿树状多浆植物	

原产墨西哥东南部

喜光，亦耐半阴；喜温暖至高温，生育适温20～28℃，越冬0℃以上；耐旱

1301	**金边露兜**	露兜树科	露兜树属
	Pandanus pygmaeus 'Golden Pygmy'	常绿灌木	

原产马达加斯加

喜光，耐半阴；喜高温湿润

1302	银边露兜	露兜树科	露兜树属
	Pandanus tectorius cv.	常绿灌木至小乔木	

原产亚洲热带

喜光，耐半阴；喜高温湿润

1303	露兜树（露兜簕）	露兜树科	露兜树属
	Pandanus tectorius（*P. odoratissimus*）	常绿乔木	

原产亚洲热带

喜光，亦耐阴；喜高温多湿，生育适温23～32℃，越冬10℃以上

1304	**金心露兜**（金道露兜） *Pandanus tectorius* 'Baptistii'	露兜树科	露兜树属
		常绿灌木	

原产亚洲热带

喜光，耐半阴；喜高温湿润

1305	**红刺露兜**（非洲山菠萝、非洲露兜、红刺林投） *Pandanus utilis*	露兜树科	露兜树属
		常绿灌木或小乔木	

原产热带非洲、马达加斯加

喜光，亦耐阴；喜高温多湿，生育适温23～32℃，越冬10℃以上；耐旱，亦耐湿

观姿、干及根的树木

1306	花叶露兜（斑叶林投、斑叶露兜）	露兜树科	露兜树属
	Pandanus veitchii（*P. tectorius* 'Sanderi'）	常绿灌木或小乔木	

原产波利尼西亚、太平洋诸岛

喜光，亦耐阴；喜高温多湿，生育适温23～32℃，越冬10℃以上；耐旱

1307	美丽球花豆	含羞草科	球花豆属
	Parkia speciosa	乔木	

原产南亚

喜光；喜高温湿润

1308 垂枝暗罗（印度塔树、印度鸡爪树）　番荔枝科　暗罗属

Polyalthia longifolia 'Pendula' (*P. l.* 'Temple Pillar')　常绿小乔木

原产印度、巴基斯坦、斯里兰卡

喜光；喜高温，生育适温22～32℃；耐旱

1309 旅人蕉（救命树、扇芭蕉）　旅人蕉科　旅人蕉属

Ravenala madagascarensis　常绿高大树状植物

原产马达加斯加

喜光；喜高温多湿，生育适温23～32℃，越冬14℃以上；耐旱

龙爪柳（曲枝柳、龙须柳）

Salix matsudana 'Tortuosa' (*S. m. f. t.*)

1310

杨柳科	柳属
落叶灌木或乔木	

我国广布

喜光，不耐阴；耐寒；喜水湿，亦耐旱

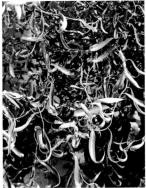

左旋柳

Salix sp.

1311

杨柳科	柳属
落叶乔木	

我国西藏特有

喜光；喜温暖湿润

摄于拉萨

1312	曲枝槐（拐槐） *Sophora japonica* 'Tortuosa'	蝶形花科	槐属
		落叶乔木	

国槐的栽培品种

喜光，略耐阴；极耐寒；耐干旱瘠薄

1313	垂枝蒲桃 *Syzygium jambos* 'Pendulum'	桃金娘科	蒲桃属
		常绿乔木	

栽培品种，原产东亚

喜光；喜高温湿润，不耐寒；不耐旱

观姿、干及根的树木

小叶榄仁树

1314

Terminalia mantaly (*Bucida m.*)

使君子科　　榄仁属

常绿乔木

原产非洲热带

喜光；喜高温高湿，生育适温23～32℃；耐旱

摄于台湾

锦叶榄仁

1315

Terminalia mantaly 'Tricolor' (*Bucida m.* 'T.')

使君子科　　榄仁属

常绿乔木

原产非洲热带

喜光；喜高温高湿，生育适温23～32℃；耐旱

1316 垂枝榆（龙爪榆、垂榆）

Ulmus pumila 'Pendula' (U. p. var. pe.)

榆科	榆属
落叶灌木	

原产我国北部

喜光；喜冷凉至温暖；耐干旱瘠薄；耐盐碱

1317 欧洲垂枝榆

Ulmus sp.

榆科	榆属
落叶灌木	

栽培品种

喜光；喜温暖湿润，耐寒；耐旱

1318	**刺叶树**（假苏铁、古树、草苏铁、草树、黑孩子、火凤凰）	刺叶树科	刺叶树属
	Xanthorrhoea preissii (*X. australis*)	常绿单干状灌木	

原产澳大利亚

喜光；喜高温湿润，耐旱

摄于新加坡

1319	**龙爪枣**	鼠李科	枣属
	Ziziphus jujuba 'Tortusa'	落叶灌木	

原产中国

喜光；喜温暖，生育适温15～25℃；耐干旱瘠薄

1320	云片柏	柏科	扁柏属
	Chamaecyparis obtusa 'Breviramea'	常绿灌木	

原产日本
较耐阴；喜温暖湿润，不耐干冷

观 赏 针 叶 树

1321	金枝花柏	柏科	扁柏属
	Chamaecyparis pisifera 'Filifera Aurea' (*Cupressus p.* 'F. A.')	常绿灌木	

原产日本
喜光，略耐阴；喜温暖湿润，较耐寒；不耐旱

1322 洒金云片柏（金叶云片柏）

Chamaecyparis obtusa 'Breviramea Aurea'

柏科　扁柏属

常绿灌木

原产日本

较耐阴；喜温暖湿润，不耐干冷

1323 金孔雀柏（金四方柏）

Chamaecyparis obtusa 'Tetragona Aurea'

柏科　扁柏属

常绿灌木

原产日本

较耐阴；喜温暖湿润，不耐干冷

1324	**洒金凤尾柏**（金叶凤尾柏）	柏科	扁柏属
	Chamaecyparis pisifera 'Plumosa Aurea'	常绿灌木	

原产日本
喜光，略耐阴；喜温暖湿润，较耐寒；不耐旱

1325	**千头柳杉**	杉科	柳杉属
	Cryptomeria japonica 'Vimoriniana'	常绿灌木	

原产日本
喜光；喜温暖湿润，不耐寒

1326	金冠柏（香冠柏）	柏科	柏木属
	Cupressus macroglossus 'Goldcrest'	常绿灌木或小乔木	

栽培品种
喜光；喜冷凉，耐寒，亦耐热；不耐湿

1327	叉叶苏铁	苏铁科	苏铁属
	Cycas micholitzii (*C. m.*var. *m.*)	常绿棕榈状灌木	

中国特有
喜光，亦耐阴；喜温暖干燥，不耐寒

灌

木

| 1328 | **新加坡苏铁**（莫氏苏铁） | 苏铁科 | 苏铁属 |
| | *Cycas moorei (Encephalartos m.，Macrozamia m.)* | 常绿棕榈状灌木 | |

原产澳大利亚

喜光；喜高温湿润

| 1329 | **刺叶苏铁**（华南苏铁、新加坡苏铁） | 苏铁科 | 苏铁属 |
| | *Cycas rumphii (C. edentate)* | 常绿棕榈状灌木 | |

原产印度、印度尼西亚、马来半岛及澳大利亚

喜光，亦耐半阴；喜暖热湿润；极不耐寒

1330	**休得布朗非洲铁**（休得布朗大苏铁）	泽米科	大苏铁属
	Encephalartos hildebrandtii	常绿灌木状	

原产非洲

喜光；喜高温湿润

1331	**锐利云杉—灰球**	松科	云杉属
	Picea pungens 'Glauca Globosa'	常绿灌木	

原产欧洲

喜光，耐半阴；喜温暖至冷凉

1332	**洒金千头柏**（金枝千头柏）	柏科	侧柏属
	Platycladus orientalis 'Aurea' (*P. o.* 'Aureus Nanus'、P.o.'Semperaurescens')	常绿灌木	

原产中国

喜光，耐半阴；耐寒；耐干旱瘠薄

1333	**千头柏**	柏科	侧柏属
	Platycladus orientalis 'Sieboldii'	常绿灌木	

原产中国

喜光，耐半阴；耐寒；耐干旱瘠薄

1334	金叶桧（洒金桧、花刺柏）	柏科	圆柏属
	Sabina chinensis 'Aurea'	常绿灌木	

原产中国

喜光，亦耐阴；喜温凉，亦耐寒；耐干旱瘠薄

1335	珍珠柏	柏科	圆柏属
	Sabina chinensis 'Japonica'	常绿灌木	

原产中国

喜光，亦耐阴；喜温凉，亦耐寒；耐干旱瘠薄

1336 匐地龙柏（铺地龙柏） | 柏科 | 圆柏属
Sabina chinensis 'Kaizuca Procumbens'

常绿灌木

原产中国
喜光，亦耐阴；喜温凉，亦耐寒；耐干旱瘠薄

1337 塔柏（塔枝圆柏、圆柱柏、塔桧） | 柏科 | 圆柏属
Sabina chinensis 'Pyramidalis' (*S. komarovii, S. ch.* 'Takuai')

常绿灌木至小乔木

原产中国
喜光，亦耐阴；喜温凉，亦耐寒；耐干旱瘠薄

铺地柏

1338

Sabina procumbens (*Juniperus p.*)

| 柏科 | 圆柏属 |
| 常绿匍匐状灌木 | |

原产日本

喜光；忌低温；耐干旱；喜钙质土壤

金枝铺地柏

1339

Sabina procumbens 'Aurea' (*Juniperus p.* 'A.')

| 柏科 | 圆柏属 |
| 常绿匍匐状灌木 | |

原产日本

喜光；喜温暖湿润

1340	黄山翠柏（粉柏、翠蓝柏） *Sabina squamata* 'Meyeri'	柏科	圆柏属
		常绿灌木	

原产中国

喜光，不耐阴；喜温暖湿润，耐寒性强；耐干旱瘠薄

1341	矮罗汉柏 *Thujopsis dolabrata* 'Nana'	柏科	罗汉柏属
		常绿灌木	

原产日本

喜光；喜冷凉湿润，不耐积水

观
赏
针
叶
树

114

1342

金叶红豆杉（花叶红豆杉）

Taxus baccata 'Dovastonii Aurea' (*T. chinensis* 'A.')

红豆杉科　红豆杉属

常绿灌木

原产欧洲

喜光；喜温暖湿润

1343

美洲苏铁（南美苏铁、鳞秕泽米铁、大叶苏铁、鳞秕泽米、美叶苏铁、美叶凤尾蕉）

Zamia furfuracea (*Z. pumila*)

泽米科　泽米属

常绿棕榈状灌木

原产墨西哥、哥伦比亚

喜光，稍耐阴；喜温暖，越冬10℃以上；耐旱

| 1344 | 叉叶泽米 | 泽米科 | 泽米属 |
| | *Zamia multifurcata* | 常绿棕榈状灌木 | |

原产墨西哥
喜光，亦耐阴；喜高温湿润

| 1345 | 巴拉那松 | 南洋杉科 | 南洋杉属 |
| | *Araucaria angustifolia* | 常绿乔木 | |

原产南美洲
喜光，亦耐阴；喜温暖湿润；耐旱

1346 大叶南洋杉（阔叶南洋杉、广叶南洋杉）

Araucaria bidwillii

南洋杉科	南洋杉属
常绿乔木	

原产大洋洲

喜暖热湿润，不耐寒冷；不耐旱

1347 肯氏南洋衫（猴子杉）

Araucaria cunninghamii

南洋衫科	南洋衫属
常绿乔木	

原产大洋洲

喜光；喜温暖至高温，生育适温18～28℃，越冬5℃以上

摄于台北

1348	杉木（元杉） *Cunninghamia lanceolata (C. sinensis, Pinus l.)*	杉科	杉属
		常绿乔木	

原产中国，分布甚广

喜光，不耐阴；喜温暖湿润，不耐寒；喜静风多雾；喜酸性土

1349.	美洲花柏（美国花柏） *Chamaecyparis lawsoniana (Cupressus l.)*	柏科	扁柏属
		常绿乔木	

原产美洲

喜光；喜温暖湿润

观赏针叶树

1350	美洲翠柏	柏科	翠柏属
	Calocedrus decurrens（Heyderia d., Libocedrus d.）	常绿乔木	

产美洲
喜光；喜温暖湿润

摄于德国

1351	金翠柏	柏科	翠柏属
	Calocedrus decurrens 'Aureovariegata'	常绿乔木	

原产美洲
喜光；喜温暖湿润

垂枝花柏

Chamaecyparis lawsoniana 'Intertexta' (*Cupressus l.* 'I.')

柏科	扁柏属
常绿乔木	

原产美洲

略耐阴；喜温暖湿润

1353

日本扁柏（扁柏、钝叶花柏）

Chamaecyparis obtusa

柏科	扁柏属
常绿乔木	

原产日本

较耐阴；喜温暖湿润，不耐干冷

观赏针叶树

1354	黄叶扁柏	柏科	扁柏属
	Chamaecyparis obtusa var. *breviramea* f. *crippsii*(*Sabina o.* 'Crippsii')	常绿乔木	

原产日本

较耐阴；喜温暖湿润，不耐干冷

1355	银枝花柏	柏科	扁柏属
	Chamaecyparis pisifera 'Filifera Argyrea'	常绿乔木	

原产日本

喜光，略耐阴；喜温暖湿润，较耐寒；不耐旱

1356 绒柏（云松）

Chamaecyparis pisifera 'Squarrosa'

柏科	扁柏属
常绿灌木或小乔木	

原产日本

喜光，略耐阴；喜温暖湿润，较耐寒；不耐旱

1357 银叶柏木

Cupresus arizonica 'Glauca'

柏科	柏木属
常绿乔木	

产欧洲

喜光；喜温暖湿润；耐旱

1358	**欧洲柏木** *Cupresus arizonica* var. *glabra* (*C. g.*)	柏科	柏木属
		常绿乔木	

产欧洲

喜光；喜温暖湿润；耐旱

1359	**柏木**（垂丝柏、香扁柏、璎珞柏） *Cupressus funebris*	柏科	柏木属
		常绿乔木	

原产我国，广布

喜光；喜暖热湿润；耐干旱瘠薄；喜钙质土

摄于昆明黑龙潭公园

1360

台湾桧（台湾刺柏、缨络柏、山刺柏）

Juniperus formosana (J. taxifolia)

柏科	刺柏属
常绿乔木	

原产我国台湾及大陆多省区

喜光，耐半阴；耐寒性强；耐旱力强

1361

云杉（粗皮云杉、云松）

Picea asperata

松科	云杉属
常绿乔木	

分布我国西北或西南的高山地区

喜光；喜冷凉湿润

1362	乔松（蓝松）	松科	松属
	Pinus griffithii (*P. wallichiana*)	常绿乔木	

产我国云南西北，以及西藏东部、南部

喜光；喜温暖湿润；耐干旱瘠薄

1363	银叶云杉	松科	云杉属
	Picea pungens f. *glauca*	常绿乔木	

产欧洲

喜光，耐半阴；喜冷凉

1364	华山松（果松、白松）	松科	松属
	Pinus armandii	常绿乔木	

中国广布

喜光；喜温和凉爽，可耐 – 31℃低温；喜中性或微酸性壤土

1365	欧洲五针松	松科	松属
	Pinus balfouriana(*P. ayacahuite X P.wallichiana*)	常绿乔木	

杂交种，原产美国加利福尼亚

喜光；喜冷凉至温暖

观赏针叶树

1366	湿地松	松科	松属
	Pinus elliottii	常绿乔木	

原产美国南部暖热、潮湿的低海拔地带
极喜光，不耐阴；能耐40℃高温和－20℃低温；适低洼沼泽，
亦耐干旱瘠薄

1367	欧洲松	松科	松属
	Pinus pinea	常绿乔木	

产欧洲
喜光；喜温暖湿润；耐旱

摄于德国

1368	**油松**（短叶马尾松、东北黑松）	松科	松属
	Pinus tabulaeformis	常绿乔木	

产我国北部、西北部，华北为中心
喜光；喜冷凉至温暖，能耐 – 30℃低温

1369	**竹柏**	罗汉松科	罗汉松属
	Podocarpus nagii (Nageia n., Decussocarpus n.)	常绿乔木	

产我国华东、华南多省
喜光，亦耐阴；喜温暖湿润

1370	**小果垂枝柏**（醉柏）	柏科	圆柏属
	Sabina recurva var. *coxii*	常绿乔木	

产我国云南西北部
喜光，稍耐阴；喜冷凉湿润；耐旱

1371	**铅笔柏**（北美圆柏）	柏科	圆柏属
	Sabina virginiana（*Juniperus v.*）	常绿小乔木	

原产北美
喜光；喜温暖湿润

池杉（池柏、沼杉）

杉科 **落羽杉属**

Taxodium ascendens

落叶乔木

原产北美东南部沼泽地区

极喜光，不耐阴；喜温暖湿润；耐水淹，亦耐旱；喜酸性、微酸性土壤

落羽杉（落羽松）

杉科 **落羽杉属**

Taxodium distichum

落叶乔木

原产美国东南部，生于亚热带沼泽地

强阳性；有一定耐寒性，不耐旱，特耐水湿

观赏针叶树

1374 墨西哥落羽杉（墨杉）
Taxodium mucronatum

杉科	落羽杉属
半常绿乔木	

原产墨西哥、美国西南部

喜光；喜温暖湿润，不耐严寒；耐水湿；忌碱性土

1375 罗汉柏
Thujopsis dolabrata

柏科	罗汉柏属
常绿乔木	

原产日本，为日本特有树种

喜光，耐阴性亦强；喜冷凉湿润，不耐积水

| 1376 | **柳杉**（孔雀杉） | 杉科 | 柳杉属 |
| | *Cryptomeria fortunei* (*C. japonica* var. *sinensis*) | 常绿乔木 | |

产我国长江流域以南

喜光，亦耐阴；喜温暖湿润；忌积水；喜酸性土壤

摄于武定狮子山

| 1377 | **西藏柏木**（藏柏） | 柏科 | 柏木属 |
| | *Cupressus torulosa* | 常绿乔木 | |

我国特有，产西藏、云南

喜光；喜温暖湿润；喜钙

132

1378 巴山冷杉（蒲松）
Abies fargesii

松科	冷杉属
常绿乔木	

我国特有，产四川大巴山
耐阴；耐寒；喜湿润

1379 西藏红杉（西藏落叶松）
Larix griffithiana

松科	落叶松属
落叶乔木	

产我国西藏
最喜光；耐高寒；耐干旱瘠薄；喜酸性土壤

133

1380 喜马拉雅红杉（喜马拉雅落叶松）
Larix himalaica

松科	落叶松属
落叶乔木	

产我国西藏南部

最喜光；耐高寒；耐干旱瘠薄；喜酸性土壤

1381 长叶云杉
Picea smithiana

松科	云杉属
常绿乔木	

产我国西藏吉隆

喜光，耐半阴；喜冷凉湿润

1382

西藏长叶松
Pinus roxbourghii

松科	松属
常绿乔木	

产我国西藏吉隆

喜光；喜温暖湿润；耐干旱瘠薄

插图：昆明城市花坛之一

135

| 1383 | **圆柏**（桧柏、刺柏、桧） | 柏科 | 圆柏属 |
| | *Sabina chinensis*（*Juniperus ch., J. gaussenii*） | 常绿乔木 | |

原产我国，广布

喜光，亦耐阴；喜温凉亦耐寒；耐干旱瘠薄

| 1384 | **大果圆柏**（西藏圆柏） | 柏科 | 圆柏属 |
| | *Sabina tibetica* | 常绿乔木 | |

产我国四川、西藏

喜光；耐干冷；耐干旱瘠薄

摄于西藏

1385	**东方乌檀** *Nauclea orientalis*	茜草科	乌檀属
		常绿灌木	

产印度尼西亚、马来西亚
喜光；喜温暖湿润

1386	**石楠** *Photinia seurrulata*	蔷薇科	石楠属
		常绿小乔木	

产我国秦岭以南各地，日本至印度尼西亚亦有分布
喜光；喜温暖湿润，较耐寒（能耐短期 – 15℃低温）；
耐干旱瘠薄

三角叶相思树

Acacia pravissima

含羞草科	金合欢属
常绿乔木	

产澳大利亚
喜光；喜温暖至高温，耐旱

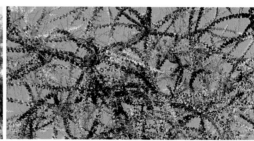

1388

青榨槭（青蛙皮）

Acer davidii

槭树科	槭树属
落叶乔木	

产我国云南、黄河流域及以南各省
喜光；喜温暖湿润；耐旱；喜微酸性土壤

1389 思氏槭
Acer platanoides ' Schwedleri'

槭树科　　槭树属
落叶乔木

栽培品种
喜光；喜温暖湿润

1390 滇藏槭
Acer wardii

槭树科　　槭树属
落叶乔木

产我国云南西北部和西藏东南部
喜光，稍耐阴；喜温暖；耐干旱瘠薄

139

| 1391 | **树兰**
Aglaia spectabilis | 楝科 | 米仔兰属 |
| | | 常绿乔木 | |

亚洲热带广布

喜光；喜高温高湿

摄于柬埔寨吴哥

| 1392 | **白花合欢**
Albizzia crassiramea | 含羞草科 | 合欢属 |
| | | 常绿乔木 | |

产我国云南南部

喜光；喜高温湿润

1393 糖胶树（面条树、灯台树、盆架树）
Alstonia scholaris

夹竹桃科　鸡骨常山属

常绿乔木

产我国南部及东南亚

喜光；喜温暖至高温；耐旱

1394 阿木赫
Amherstia nobilis

苏木科　阿木赫属

常绿乔木

原产缅甸

喜光；喜高温湿润

1395	山楝	楝科	山楝属
	Aphanamixis polystachya	常绿乔木	

分布中南半岛、马来西亚，我国产广东、广西及云南
喜光；喜高温多湿

1396	星番樱桃	桃金娘科	星番樱桃属
	Asteromyrtus symphyocarpa (*Melaleuca s.*)	常绿乔木	

原产澳大利亚、新几内亚
喜光；喜高温湿润

| 1397 | 印度楝 | 楝科 | 印度楝属 |
| | *Azadirachta indica* (*Meliai, M. a.*) | 常绿乔木 | |

原产印度、爪哇
喜光；喜高温湿润

| 1398 | 粉花羊蹄甲 | 苏木科 | 羊蹄甲属 |
| | *Bauhinia variegata* 'Candida'(*B. v.* var. *c.*) | 常绿乔木 | |

栽培品种
喜光；喜高温湿润

摄于香港

| 1399 | **红布罗佛** | 苏木科 | 布罗佛属 |
| | *Brownea ariza* (*B. rosa-de-monte*) | 常绿乔木 | |

原产委内瑞拉
喜光；喜高温湿润

| 1400 | **绯布罗佛** | 苏木科 | 布罗佛属 |
| | *Brownea capitella* (*B. coccinea* ssp. *ca.*) | 常绿乔木 | |

原产委内瑞拉
喜光；喜高温湿润

144

1401	**腊肠树**（萧豆、阿勃勒、牛角树）	苏木科	决明属
	Cassia fistula	落叶乔木	

原产亚洲热带（印度、缅甸、斯里兰卡）
喜光；喜暖热，生育适温23～30℃；耐旱

1402	**粉花山扁豆**（节果决明、粉花决明）	苏木科	决明属
	Cassia nodosa (*C. javanica* ssp. *n.*)	常绿大乔木	

原产亚洲热带、夏威夷群岛
喜光；喜暖热，不耐寒；耐旱

1403	**美丽山扁豆**（美丽决明、美国皂荚）	苏木科	决明属
	Cassia spectabilis (*Senna s.*)	常绿大乔木	

原产美洲热带

喜光；喜高温；耐旱

观
赏
阔
叶
树

1404	**金叶美国梓树**（金叶楸）	紫葳科	梓树属
	Catalpa bignonioides 'Aurea'	落叶乔木	

原种产美国东南部

喜光，喜温暖湿润，较耐寒

1405 爪哇木棉
Ceiba pentandra

木棉科　爪哇木棉属
落叶大乔木

原产亚洲、美洲热带和非洲
喜光；喜高温湿润

1406 小叶朴（黑弹树）
Celtis bungeana

榆科　朴属
落叶乔木

产我国云南
喜光；喜温暖，生育适温15～25℃；耐水湿，亦耐干旱瘠薄

1407	**美丽异木棉**（秘鲁丝木棉、白花美人树）	木棉科	异木棉属
	Chorisia insignis	落叶乔木	

原产秘鲁、阿根廷

喜光；喜高温多湿，生育适温22～28℃

1408	**美人树** （丝木棉、美丽异木棉、美丽吉贝、美丽木棉、青皮木棉）	木棉科	异木棉属
	Chorisia speciosa（*Ceiba s.*）	落叶乔木	

原产巴西、阿根廷

喜光，不耐阴；喜高温多湿，生育适温22～28℃

148

天竺桂（普陀樟、土肉桂、浙江樟）

1409

Cinnamomum japonicum

樟科	樟属
常绿乔木	

产日本，我国分布于湖南、广东等省

喜光，稍耐阴；喜温暖湿润，生育适温18～28℃

翅荚香槐

1410

Cladrastis platycarpa

蝶形花科	香槐属
落叶乔木	

广布于石头山地区

喜光，稍耐阴；喜温暖；喜钙质土

1411	**法氏蝶豆树** *Clitoria fairchildiana* (*C. racemosa*)	蝶形花科	蝶豆属
		常绿乔木	

原产巴西
喜光；喜高温湿润

1412	**大可拉** *Cola gigantea*	梧桐科	可拉属
		常绿乔木	

原产西非热带
喜光；喜温暖至高温

摄于香港迪士尼公园

1413 红厚壳（琼崖海棠）

Colophyllum inophyllum

藤黄科	红厚壳属
常绿乔木	

产东非至波利尼西亚，我国南部、西南部亦产
喜光；喜高温湿润

1414 灯台树（瑞木）

Cornus controversa (Borthrocaryum controversum, Thelycrania c.)

山茱萸科	梾木属
落叶乔木	

产我国长江流域及西南各省
喜光，稍耐阴；喜温暖湿润，稍耐寒

151

1415	**矩圆叶梾木**（长方叶山茱萸）	山茱萸科	梾木属
	Cornus oblonga (*Swida o. var. o.*)	常绿乔木	

我国分布西南及湖北
喜光；喜温暖湿润；耐干旱瘠薄

1416	**毛叶梾木**（细毛矩圆叶梾木）	山茱萸科	梾木属
	Cornus oblonga var. griffithii (*C. o.* f. *piloscela*)	常绿小乔木	

产我国西南（云、贵、川）及湖北，印度、不丹有分布
喜光；喜温暖至高温；耐旱

152

1417	**日落洞树**	夹竹桃科	日落洞属
	Dyera costulata (*D. laxiflora*)	常绿乔木	

原产马来半岛、苏门答腊和婆罗洲
喜光；喜高温湿润

1418	**粗糠树**（毛叶厚壳树）	厚壳树科	厚壳树属
	Ehretia dicksonii	落叶乔木	

产中国、日本
喜光，稍耐阴；喜温暖湿润；耐干旱瘠薄；喜微酸性土壤

乔
木

153

1419 厚壳树（白莲茶）

Ehretia thyrsiflora (*E. acuminate*, *E. a.* var. *obovata*)

厚壳树科　厚壳树属
落叶乔木

产我国华东、华中及西南
喜光，稍耐阴；喜温暖湿润，耐旱

1420 杜英（担八树）

Elaeocarpus decipiens

杜英科　杜英属
常绿乔木

产我国长江流域以南亚热带地区，日本亦有分布
喜光；喜温暖湿润，四季分明

观赏阔叶树

154

1421 山杜英（杜英、胆八树）
Elaeocarpus sylvestris

杜英科　　杜英属
常绿乔木

产我国南部，以及日本、越南
喜光，稍耐阴；喜温暖至高温，生育适温18～28℃；喜酸性土壤

1422 白花桉
Eucalyptus deglupta

桃金娘科　　桉树属
常绿乔木

原产菲律宾、摩洛哥、新几内亚
喜光；喜高温；耐旱

1423	**大叶桉** *Eucalyptus robusta*	桃金娘科	桉树属
		常绿乔木	

原产澳大利亚

喜光；喜高温高湿，生育适温20～25℃；耐旱；耐风

1424	**直干桉** *Eucalyptus maideni*	桃金娘科	桉树属
		常绿乔木	

原产澳大利亚

极喜光；喜温暖；耐干旱瘠薄；喜酸性土壤

1425	**红花桉** *Eucalyptus ptychocarpa*	桃金娘科	桉树属
		常绿乔木	

原产澳大利亚

喜光；喜高温；耐旱

1426	**丝绵木**（白杜、桃叶卫矛） *Euonymus bungeanus (E. bungeana,* E. maacki*)*	卫矛科	卫矛属
		落叶灌木或小乔木	

产中国北部、中部及东部

喜光，稍耐阴；极耐旱，亦耐水湿

157

1427	**垂叶榕**（细叶榕、垂榕、垂枝榕）	桑科	榕属
	Ficus benjamina (*F. b.* var. *b.*)	常绿乔木	

产中国、东南亚和澳大利亚

喜光，亦耐阴；喜高温高湿，生育适温22～30℃，越冬5℃以上；耐干旱瘠薄

1428	**钝叶榕**	桑科	榕属
	Ficus curtipes	常绿乔木	

产亚洲热带、亚热带，分布我国滇南至滇西南

喜光；喜温暖至高温；喜湿润

1429	**对叶榕** *Ficus hispida*	桑科	榕属
		常绿乔木	

分布我国西南至东南

喜光；喜高温湿润

1430	**滇缅榕** *Ficus kurzii*	桑科	榕属
		常绿乔木	

原产我国南部，以及缅甸、印度、马来西亚和爪哇

喜光；喜高温湿润

1431	**黄葛榕**	桑科	榕属
	Ficus lacor	落叶乔木	

产我国华南及西南

喜光，亦耐半阴；喜温暖至高温，不耐寒

1432	**亮叶榕**	桑科	榕属
	Ficus microcarpa 'Lucida'	常绿灌木或小乔木	

原种产亚洲南部至东南部

喜光；喜高温高湿，生育适温22～32℃；极耐旱，亦耐湿

160

| 1433 | 梧桐（青桐） | 梧桐科 | 梧桐属 |
| | *Firmiana simplex* | 落叶乔木 | |

产中国及日本

喜光；喜温暖湿润，生育适温15～25℃，较耐寒

| 1434 | 绒毛白蜡 | 木樨科 | 白蜡树属 |
| | *Fraxinus tomentosa* (*F. velutina*) | 落叶乔木 | |

原产美国西南部及墨西哥

喜光，耐半阴；喜冷凉至温暖，生育适温12～18℃

| 1435 | **达氏石梓** *Gmelina dalrympleana* | 马鞭草科 | 石梓属 |
| | | 常绿乔木 | |

原产新几内亚和澳大利亚热带
喜光；喜高温湿润

| 1436 | **巴氏银桦** *Grevillea baileyana* | 山龙眼科 | 银桦属 |
| | | 常绿乔木 | |

产澳大利亚
喜光；喜温暖至高温，不耐寒；耐旱

红花银桦（昆士兰银桦）

1437

Grevillea banksii (*G.* 'Robyn Gordon')

山龙眼科	银桦属
常绿乔木	

原产大洋洲

喜光；喜高温高湿，生育适温18～28℃；耐旱；稍喜酸性土壤

银桦

1438

Grevillea robusta

山龙眼科	银桦属
常绿大乔木	

原产大洋洲

喜光；喜高温高湿，生育适温18～28℃；耐旱；喜微酸性土壤

| 1439 | **海南椴**
Hainania trichosperma | 椴树科 | 海南椴属 |
| | | 常绿乔木 | |

产我国海南和广西
喜光；喜高温湿润

| 1440 | **幌伞枫**
Heteropanax fragrans | 五加科 | 幌伞枫属 |
| | | 常绿乔木 | |

产印度、缅甸，以及我国南部和西南部
喜光；喜温暖湿润，不耐寒；忌积水

1441	胡拉木	大戟科	胡拉木属
	Hura crepitans	常绿乔木	

产美洲热带

喜光；喜高温湿润

1442	大果冬青	冬青科	冬青属
	Ilex macrocarpa	落叶乔木	

我国分布在西南、华南、华中多省区

喜光，耐半阴；喜温暖湿润；喜微酸性土壤

1443	艾卡 *Inga edulis*	含羞草科	艾卡属
		常绿乔木	

原产巴西
喜光

1444	伊桐（栀子皮、水冬） *Itoa orientalis (Carrierea vieillardii)*	大风子科	伊桐属
		常绿乔木	

产我国西南地区
喜光；喜暖热湿润

观赏阔叶树

| 1445 | **刺楸**（棘楸、刺桐、乌不宿） | 五加科 | 刺楸属 |
| | *Kalopanax septemlobus*（*K. ricinifolius, K. r.* var. *chinensis*） | 落叶乔木 | |

东亚特产，我国广布
喜光，亦耐阴；喜冷凉至温暖；忌积水

| 1446 | **尖叶桂樱**（波叶稠李） | 蔷薇科 | 桂樱属 |
| | *Laurocerasus undulata* | 常绿乔木 | |

产华南、西南、东南亚
喜光；喜温暖湿润

1447 白花细子木［白花松红梅］
Leptospermum brachyandrum（L. abnorme）

桃金娘科　细子木属
常绿乔木

原产澳大利亚
喜光；喜高温湿润

1448 血桐（橙桐）
Macaranga tanarius

大戟科　血桐属
常绿乔木

原产中国、东南亚及大洋洲
喜光；喜暖热湿润；耐干旱贫瘠

1449	**长梗润楠** *Machilus longipedicellata*	樟科	润楠属
		常绿乔木	

产我国云南

喜光，亦耐阴；喜温暖湿润，不耐干旱瘠薄

摄于韩国首尔

1450	**毛果桐** *Mallotus barbatus*	大戟科	野桐属
		常绿小乔木	

产我国华南、滇南，以及东南亚

喜光；喜温暖至高温

乔

木

1451	白楸	大戟科	野桐属
	Mallotus paniculatus	常绿乔木	

原产中国及南亚、大洋洲
喜光；喜温暖至高温，生育适温20～30℃；喜湿润

1452	香桃木（银香梅）	桃金娘科	香桃木属
	Myrtus communis	常绿小乔木	

原产地中海沿岸
喜光，耐半阴；喜温暖耐高温，生育适温15～28℃

1453	**壳菜果** *Mytilaria laosensis*	金缕梅科	壳菜果属
		常绿乔木	

产越南，以及我国广东、广西及云南
喜光；喜温暖至高温；耐旱

1454	**中美木棉**（水瓜栗） *Pachira aquatica*	木棉科	中美木棉属
		常绿乔木	

原产美洲热带
喜光；喜高温多湿，不耐寒，生育适温20～30℃

| 1455 | **峨嵋拟单性木兰** | 木兰科 | 拟单性木兰属 |
| | *Parakmeria omeiensis* | 常绿乔木 | |

产我国四川峨眉山

喜光，稍耐阴；喜温暖湿润，不耐寒；不耐干旱瘠薄

| 1456 | **椤木石楠**（椤木、刺凿） | 蔷薇科 | 石楠属 |
| | *Photinia davidsoniae*（*Ph. Davidiana*） | 常绿乔木 | |

分布我国华中、华南、西南各省

喜光，稍耐阴；喜温暖湿润；耐干旱瘠薄

172

球花石楠

1457

Photinia glomerata

蔷薇科	石楠属
常绿乔木	

产我国西南

喜光，稍耐阴；喜温暖湿润；耐干旱瘠薄

印度余甘子

1458

Phyllantus pectinatus

大戟科	叶下珠属
常绿乔木	

产印度、印尼、马来西亚西部和中国

喜光；喜高温；耐旱

1459	**棠梨**（杜梨、川梨、豆梨）	蔷薇科	梨属
	Pyrus betulaefolia（*P. pashia*, *P. betulifolia*）	落叶小乔木	

产我国，广布长江流域地区

喜光，稍耐阴；喜温暖至冷凉；极耐旱

1460	**海南菜豆树**	紫葳科	菜豆树属
	Radermachera halinanesis	落叶乔木	

原产我国海南岛

喜光；喜高温湿润

菜豆树（山菜豆、幸福树）

Radermachera sinica

1461

紫葳科　菜豆树属

常绿灌木或乔木

原产我国南方，以及印度、菲律宾

喜光，亦耐阴；喜温暖至高温，生育适温20～28℃；

耐旱；喜石灰岩山坡

红花荷（红苞荷、红苞木）

Rhodoleia championii（*R. parvipetala*）

1462

金缕梅科　红花荷属

常绿小乔木

产我国滇南、滇东南、华南及香港

喜光，耐半阴；喜暖热湿润，生育适温

20～28℃，越冬10℃以上；耐干旱瘠薄

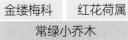

1463 雨树

Samanea saman (Mimosa s., Enterolobium s., Pithecellobiuma s.)

含羞草科　雨树属
常绿乔木

原产美洲热带及西印度群岛
喜光，耐半阴；喜暖热湿润；耐旱

1464 大花野茉莉

Styrax grandiflora (S. grandiflorus)

野茉莉科　野茉莉属
落叶小乔木

产我国云南中部
喜光，稍耐阴；喜温暖湿润；耐干旱瘠薄

176

1465 水丝梨
Sycopsis sinensis

金缕梅科　水丝梨属
常绿小乔木

产我国，广布华中、华南、西南、西北
喜光；喜温暖至高温

1466 银钟木（银钟花）
Tabebuia caraib（*T. argentea*）

紫葳科　钟花树属
常绿乔木

原产美洲热带
喜光；喜高温湿润

1467	华木莲（落叶木莲） *Manglietia decidua*	木兰科	木莲属
		落叶乔木	

我国特有的古老珍稀树种，产江西
喜光；喜凉爽湿润；不耐干燥瘠薄；喜酸性土壤

1468	小叶白辛树 *Pterostyrax corymbosa*	野茉莉科	白辛树属
		落叶小乔木	

亚洲东部特有植物，分布于我国华南、湖南、广东等地
喜光；喜温暖湿润，不耐寒；耐旱

1469	**龙脑香** *Dipterocarpus alatus*	龙脑香科	龙脑香属
		常绿乔木	

分布亚洲热带

喜光；喜高温高湿

摄于柬埔寨吴哥

1470	**羯布罗香** *Dipterocarpus tubinatus（Common gurjunoil）*	龙脑香科	龙脑香属
		常绿大乔木	

产缅甸

喜光；喜高温高湿，不耐寒

八宝树（水枝柳）

1471

Duabanga grandiflora (D. sonneratioides)

海桑科	八宝树属
常绿大乔木	

原产我国云南南部、印度东北部至马来西亚

喜光；喜暖热湿润，不耐寒；耐旱

木榄

1472

Bruguiera gymnorhiza

红树科	木榄属
滨海水生乔木	

分布东半球及我国南部海岸

喜光；喜高温；喜海滩生境，耐盐碱，抗风潮

摄于印度尼西亚明朗岛

1473 锯叶竹节树

Carallia lanceaefollia (*C. diplopetala*, *C. longipes*)

红树科　　竹节树属

常绿乔木

产我国南部和西南部
喜光；喜高温高湿；不耐旱

1474 红树

Rhizophora apiculata

红树科　　红树属

滨海水生灌木

原产印度、马来半岛、印度尼西亚及我国南部
喜光；喜高温；喜海滩生境，耐盐碱，抗风潮

摄于印度尼西亚明朗岛

1475	**沼地棕**	棕榈科	沼地棕属
	Acoelorraphe wrightii	常绿小乔木状	

原产中美洲、美国佛罗里达州、加勒比海地区

喜光；喜高温高湿，生于湿地

1476	**假槟榔**（亚历山大椰子）	棕榈科	假槟榔属
	Archontophoenix alexandrae（*Phycospermen a.*）	常绿乔木状	

原产澳大利亚昆士兰州

喜光；喜高温多湿，生育适温20～28℃；不耐旱

1477	**斑秩克椰子** *Bentinckia nicobarica*	棕榈科	斑秩克椰子属
		常绿乔木状	

原产印度洋尼科巴群岛

喜光；喜高温多湿，不耐寒；耐旱

1478	**霸王棕**（马岛棕、美丽蒲葵） *Bismarckia nobilis*	棕榈科	比斯马棕属
		常绿大乔木状	

原产马达加斯加

喜光；喜高温多湿，不耐寒；耐旱

単

干

型

| 1479 | **银叶霸王棕**
Bismarckia nobilis 'Silver' | 棕榈科 | 比斯马棕属 |
| | | 常绿大乔木状 | |

原产马达加斯加

喜光；喜高温多湿，不耐寒；耐旱

| 1480 | **布堤椰子**（巴西棕、冻子椰子）
Butia capitata (*B. bonnettii, Cocos c.*) | 棕榈科 | 布堤棕属 |
| | | 常绿灌木状 | |

原产南美洲

喜光，亦耐阴；喜高温多湿，生育适温20～28℃；耐旱

1481	**鱼尾葵**（假桃榔） *Caryota ochlandra*	棕榈科	鱼尾葵属
		常绿乔木状	

原产亚洲热带、亚热带和大洋洲

喜光，亦耐阴；喜温暖至高温，越冬10℃以上；喜湿润酸性土壤

1482	**袖珍椰子**（矮生椰子、客室棕、玲珑椰子） *Chamaedorea elegans*（*Collinia e.*）	棕榈科	袖珍椰子属
		常绿小灌木状	

原产墨西哥与危地马拉等

喜半阴，亦耐阴；喜温暖至高温，生育适温18～30℃，
越冬5℃以上；耐旱

| 1483 | **三角椰子**（三角棕）
Dypsis decaryi（*Neodypsis d.*） | 棕榈科 | 狄棕属 |
| | | 常绿乔木状 | |

原产马达加斯加南部

喜光，亦耐半阴；喜高温多湿；耐旱

| 1484 | **酒瓶椰子**（酒瓶棕）
Hyophorbe lagenicaulis（*Mascarena l.*，*M. revaughanii*） | 棕榈科 | 酒瓶椰子属 |
| | | 常绿灌木状 | |

原产非洲马斯克林群岛

喜光；喜高温多湿，生育适温20～25℃；不耐旱

1485

棍棒椰子（棍棒棕）

Hyophorbe verschaffeltii（Mascarena v.）

棕榈科　　酒瓶椰子属

常绿乔木状

原产非洲马斯克林群岛

喜光；喜高温多湿，生育适温20～25℃；不耐旱

1486

泰氏榈（菱叶棕榈、帝蒲葵）

Johannesteijsmannia altifrons

棕榈科　　泰氏榈属

常绿灌木状

原产马来西亚

喜光，亦耐阴；喜暖热湿润；不耐旱

1487	**红脉葵**（红拉担棕、红棕榈、红脉榈）	棕榈科	拉担棕属
	Latania lontaroides（*L. rubra, L. borbonica, L. plagaecoma, L. commersonii, Cleophora l.*）	常绿乔木状	

原产非洲莫里西斯、留尼旺岛、马斯克林群岛

喜光；喜暖热湿润，不耐寒；耐水湿

1488	**橙脉葵**（黄棕榈、黄拉担棕）	棕榈科	拉担棕属
	Latania verschaffeltii（*L. aurea*）	常绿乔木状	

原产非洲马斯克林群岛

喜光；喜暖热湿润，不耐寒

1489	**大轴榈**（扇轴榈、大果轴榈、圆叶轴榈） *Licuala grandis (Prichardia g.)*	棕榈科	轴榈属
		常绿灌木状	

原产南太平洋诸群岛

喜光，亦耐阴；喜温暖湿润；不耐旱

1490	**雅致轴榈** *Licuala peltata*	棕榈科	轴榈属
		常绿灌木状	

原产南太平洋诸群岛

喜光，亦耐阴；喜温暖湿润；不耐旱

1491	**中华蒲葵**（蒲葵、葵树、扇叶葵、扁叶葵）	棕榈科	蒲葵属
	Livistona chinensis	常绿乔木状	

原产我国南部以及日本
喜光；喜温暖至高温；不耐旱

1492	**越南蒲葵**	棕榈科	蒲葵属
	Livistona cochinchinensis	常绿乔木状	

产亚洲热带，越南以及中国西南部
喜光；喜高温高湿

1493	裂叶蒲葵	棕榈科	蒲葵属
	Livistona decipiens	常绿乔木状	

产澳大利亚昆士兰州
喜光；喜温暖，较耐寒

1494	哈里特蒲葵	棕榈科	蒲葵属
	Livistona hasseltii	常绿乔木状	

原产大西洋巴拿马群岛
喜光；喜高温湿润

江边刺葵（美丽针葵、日本葵、罗比亲王海枣）　棕榈科　刺葵属

Phoenix roebelenii (*P. tenuis*)　常绿灌木状

原产印度、中南半岛及我国西双版纳

喜光，亦耐阴；喜温暖湿润，较耐寒

观赏棕榈类植物

长叶刺葵（加那利海枣、加那利椰子、波斯枣、柳枣）

Phoenix canariensis

棕榈科　　刺葵属

常绿乔木状

单干型

原产非洲加那利群岛

喜光，亦较耐阴；喜温暖湿润，生育适温20～28℃，越冬－10℃；耐旱

1497 林刺葵（银海枣、中东海枣）
Phoenix sylvestris

棕榈科　刺葵属
常绿乔木状

原产印度和巴基斯坦
喜光；喜温暖湿润，生育适温20～25℃，越冬
10℃以上；耐旱

1498 象鼻棕（酒椰）
Raphia vinifera

棕榈科　象鼻棕属
常绿乔木状

原产非洲热带
喜光；喜高温多湿，不耐寒；耐干旱瘠薄

1499	国王椰子 *Ravenea rivularis*	棕榈科	国王椰子属
		常绿乔木状	

原产马达加斯加
喜光，亦耐半阴；喜暖热湿润；不耐旱

1500	大王椰子（王棕） *Roystonea regia (R. elata, R. ventricosa, Oreodoxa r.)*	棕榈科	王棕属
		常绿乔木状	

原产古巴、洪都拉斯
喜光，不耐阴；喜暖热多湿，越冬12℃以上；
不耐旱

1501	**蛇皮果**	棕榈科	蛇皮果属
	Salacca magnifica	常绿具刺丛生状	

原产婆罗洲

喜光；喜高温湿润；不耐旱

	金山葵（皇后葵）	棕榈科	金山葵属
1502	*Syagrus romanzoffiana*（*Arecastrum romanzoffianum, Cocos romanzoffiana*）	常绿乔木状	

产巴西、乌拉圭、阿根廷

喜光；喜温暖湿润，能忍受 – 7℃不受害；耐旱

棕榈（棕树）

1503

Trachycarpus fortunei

棕榈科	棕榈属
常绿乔木状	

原产我国，分布长江以南各省，日本亦有
喜光，极耐阴；喜温暖湿润，可耐﹣8℃低温；
耐旱，耐水湿

锯齿棕（锯箬棕）

1504

Serenoa repens

棕榈科	锯齿棕属
常绿乔木状	

原产北美洲南部
喜光；喜高温，耐寒，适应性强

197

1505	**扶摇棕**（弗斯棕）	棕榈科	弗斯棕属
	Verschaffeltia splendida	常绿乔木状	

原产印度洋塞舌尔群岛
喜半阴避风生境

1506	**老人葵**（华盛顿棕榈、加州蒲葵）	棕榈科	丝葵属
	Washingtonia filifera（*W. robusta*）	常绿大乔木状	

原产美国加利福尼亚州和亚利桑那州，现各地
广泛栽培
喜光，亦耐阴；喜温暖湿润，能忍受 - 7～8℃
低温；耐旱

198

1507	**大丝葵**（壮干椰子、华盛顿棕、华棕）*Washingtonia robusta*	棕榈科	丝葵属
		常绿大乔木状	

原产墨西哥

喜光，亦耐阴；喜温暖湿润，耐寒；耐旱

1508	**狐尾椰**（金山棕）*Wodyetia bifurcata*	棕榈科	狐尾椰属
		常绿乔木状	

原产澳大利亚昆士兰

喜光；喜温暖湿润；喜排水良好的生境

1509	**三药槟榔** *Areca triandra*	棕榈科	槟榔属
		常绿丛生小乔木状	

原产印度、马来西亚
喜半阴；喜暖热湿润，不耐寒

1510	**阔叶桃榔**（虎克椰子、虎克桃榔） *Arenga hookeriana* (*Disymosperma hookerianum*)	棕榈科	桃榔属
		常绿灌木状	

原产泰国和马来西亚
喜光，耐半阴；喜高温湿润，不耐寒

| 1511 | **桃棕** | 棕榈科 | 桃棕属 |
| | *Bactris cruegeriana* | 带刺小乔木状 | |

原产中美洲
喜光；喜高温；耐旱

| 1512 | **椭圆果省藤** | 棕榈科 | 省藤属 |
| | *Calamus guruba* var. *ellipsoideus* | 具刺丛生藤本 | |

原产我国云南东南部
喜光，亦耐阴；喜温暖湿润；耐旱

1513

短穗鱼尾葵（丛生孔雀椰子）
Caryota mitis

棕榈科　　鱼尾葵属
常绿丛生小乔木状

原产亚洲热带
喜光，较耐阴；喜温暖至高温，喜湿润，生育适温20～30℃；
喜微酸性土壤

1514

镰叶裂坎棕
Chamaedorea falcifera（Ch.erumpens）

棕榈科　　墨西哥棕属
常绿灌木状

原产墨西哥
喜光；喜高温湿润

散尾葵（黄椰子）

1515

Chrysalidocarpus lutescens (Ch. glaucescens, Areca l., Dypsis l.)

棕榈科　散尾葵属

常绿丛生灌木或小乔木状

原产非洲马达加斯加岛

喜光，极耐阴；喜高温多湿，生育适温
20～25℃，越冬10℃以上；耐水湿

印章棕（红槟榔、口红椰子）

1516

Cyrtostachys renda (C. lakka)

棕榈科　红槟榔属

常绿灌木状

原产东南亚

喜光；喜高温多湿；生育适温20～28℃

新加坡国树标记

1517 拟散尾葵
Dypsis onilahensis

棕榈科　狄棕属

常绿灌木状

原产马达加斯加

喜光；喜高温高湿

1518 尼挪椰子
Oncosperma tigillarium（O. tilamentosum）

棕榈科　尼挪椰子属

常绿乔木状

原产印度、马来西亚、菲律宾和中国

喜光；喜高温高湿，不耐寒

新几内亚皱果棕

Ptychosperma sanderianus

棕榈科	麦氏葵属
常绿乔木状	

产新几内亚至澳大利亚的约克角半岛

喜光；喜高温湿润

棕竹（观音棕竹、观音竹、棕榈竹）

Rhapis excelsa (R. flabelliformis)

棕榈科	棕竹属
常绿丛生灌木状	

原产我国南部至西南部，日本也有

喜光；喜温暖湿润，越冬2℃以上；耐干旱瘠薄

1521	**黄金棕竹**	棕榈科	棕竹属
	Rhapis excelsa 'Aureola'	常绿丛生灌木状	

原产中国南部
喜光；喜温暖湿润，越冬3℃以上；耐干旱瘠薄

1522	**花叶棕竹**（斑叶观音竹、绫锦观音竹）	棕榈科	棕竹属
	Rhapis excelsa 'Zuikonishiki'（*Rh. e.* 'Variegata'）	常绿丛生灌木状	

原产日本
喜光，略耐阴；喜温暖湿润

多裂棕竹（金山棕竹、细叶棕竹、多裂竹棕）

Rhapis multifida (Rh. humilis)

棕榈科	棕竹属
丛生灌木状	

产我国广西西部、云南东南部

喜光，亦耐阴；喜温暖湿润；耐旱

1524

泰国蛇皮果（蛇皮果）

Salacca edulis (S. zalacca)

棕榈科　　蛇皮果属

常绿具刺丛生状

产印度尼西亚、泰国

喜光，亦耐半阴；喜温暖湿润；耐旱

1525	**小琴丝竹**（孝顺竹、蓬莱竹）	禾本科竹亚科	箣竹属
	Bambusa multiplex 'Alptonse-karr'	中型丛生竹	

原产中国，西南、华南广为栽培
喜光，亦耐半阴；喜温暖，能耐 – 18℃低温

1526	**矮凤尾竹**（观音竹）	禾本科竹亚科	箣竹属
	Bambusa multiplex 'Nana'（ *B. m.*var. *nana*,B.m. 'Fernleaf '）	小型丛生竹	

分布于我国华南、西南
喜光，耐半阴；喜温暖湿润

1527	**弯钩刺竹** *Bambusa sinospinosa*	禾本科竹亚科	簕竹属
		大、中型丛生竹	

产我国华南和西南

喜光；喜高温湿润

1528	**小佛肚竹**（密节竹、佛竹、葫芦竹） *Bambusa ventricosa*	禾本科竹亚科	簕竹属
		小型丛生竹	

我国广东特产，分布江南及西南各地

喜光，稍耐阴；喜温暖湿润，越冬5℃以上；忌干旱

观

赏

竹

类

210

1529	黄金间碧玉 *Bambusa vulgaris* 'Vittata'	禾本科竹亚科	箣竹属
		大、中型丛生竹	

原种产我国及东南亚
喜光，稍耐阴；喜温暖湿润，越冬5℃以上；
忌干旱

1530	大佛肚竹（葫芦龙头竹、泰山竹、大佛肚） *Bambusa ventricosa* 'Wamin'	禾本科竹亚科	箣竹属
		大、中型丛生竹	

原产我国及东南亚
喜光，稍耐阴；喜温暖湿润，越冬5℃以上

1531	香糯竹（糯米香竹） *Cephalostachyum pergracile*	禾本科竹亚科	香竹属
		大、中型丛生竹	

分布我国云南
喜光；喜高温湿润

1532	龙竹（印度麻竹） *Dendrocalamus giganteus*	禾本科竹亚科	牡竹属
		大型丛生竹	

产亚洲热带、亚热带
喜光，耐半阴；喜温暖至高温；喜湿润

观
赏
竹
类

1533	**思劳竹** *Schizostachyum brachycladum*	禾本科竹亚科　思劳竹属
		中型丛生竹

原产东南亚

喜光；喜高温湿润

1534	**慈竹**（钓鱼慈竹、子母竹） *Sinocalamus affinis* 'Affinis' (*Bambusa emeiensis*)	禾本科竹亚科　慈竹属
		大、中型丛生竹

产我国，西南各省广为栽培

喜光，耐半阴；喜温暖湿润

| 1535 | 泰竹
Thyrsostachys siamensis | 禾本科竹亚科 | 泰竹属 |
| | | 中型丛生竹 | |

分布于缅甸、泰国及我国云南南部至西南部
喜光；喜高温湿润

| 1536 | 人面竹（罗汉竹）
Phyllostachys aurea | 禾本科竹亚科 | 刚竹属 |
| | | 小型散生竹 | |

原产中国
喜光，耐半阴；喜温暖湿润，能耐 - 20℃低
温；忌干旱

斑竹（湘妃竹）
1537
Phyllostachys bambusoides f. *lacrima-deae*

禾本科竹亚科	刚竹属
大型散生竹	

产我国黄河流域至长江流域各地
喜光；喜温暖湿润

毛竹（楠竹、江南竹、茅竹）
1538
Phyllostachys heterocycla cv. *pubescens*

禾本科竹亚科	刚竹属
大型散生竹	

分布我国秦岭、汉水流域至长江流域以南和台湾省（黄河流域亦多处栽培）
喜光；喜温暖湿润

1539	**龟甲竹** *Phyllostaohys heterocycla* 'Heterocycla'	禾本科竹亚科　刚竹属
		中型散生竹

原产中国
喜光，亦耐阴；喜冷凉；喜酸性土壤

1540	**紫竹**（乌竹、黑竹） *Phyllostaohys nigra*（*Ph.n.var.n.,Bambusa n.*）	禾本科竹亚科　刚竹属
		中、小型散生竹

原产中国
耐阴；可耐 - 18℃低温；不耐旱，忌积水

观赏竹类

1541	金竹（黄竹）	禾本科竹亚科	刚竹属
	Phyllostaohys sulphurea	中、小型散生竹	

原产中国，长江流域以南、西南广为栽培
喜光，耐阴；耐寒；耐干旱瘠薄

1542	方竹（四方竹）	禾本科竹亚科	方竹属
	Chimonobambusa quadrangularis	混生竹	

分布我国长江流域、浙江、江西、福建、湖南、四川、广西等省区
喜光；喜温暖湿润

混
生
竹

1543	**高肩叶藤竹**（小吊竹、高肩梨藤竹） *Melocalamus yunnanensis*	禾本科竹亚科	藤竹属
		藤状丛生竹	

分布东南亚，我国滇西、滇南较为集中
喜光；喜高温湿润

1544	**倒栽竹** *Bambusa multiplex* cv.	禾本科竹亚科	箣竹属
		小型丛生竹	

原产中国
喜光，亦耐阴；喜温暖湿润

花叶苦竹

1545

Pleioblastus variegatus (Arundinaria v., A. fortunei)

禾本科竹亚科　　苦竹属

小型散生竹

分布东亚，我国主产华东、华南
喜光；喜温暖，耐高温；喜湿，亦耐旱

菲白竹（花叶竹、白斑翠竹）

1546

Sasa albo-marginata (S. fortunei)

禾本科竹亚科　　菲白竹属

小型散生竹

原产日本
喜光，稍耐阴；喜温暖湿润

缅甸树萝卜
Agapetes burmanica

越橘科　树萝卜属
常绿附生藤本

分布亚洲东南部，我国产西南
喜光，耐半阴；喜温暖湿润，不耐寒；耐旱

木通（八月瓜、野木瓜、五叶木通）
Akebia quinata

木通科　木通属
半常绿木质藤本

原产我国黄河流域以南广大地区
喜光，亦耐阴；喜温暖湿润

1549	**软枝黄蝉**（黄莺）	夹竹桃科	黄蝉属
	Allemanda cathartica	常绿蔓性藤本	

原产南美洲

喜光；喜高温多湿，生育适温20～30℃

1550	**大花软枝黄婵**（金喇叭）	夹竹桃科	黄蝉属
	Allemanda cathartica 'Hendersoii' (*A.C.'Grandiflora'*)	常绿藤状灌木	

原种产南美洲

喜光，不耐阴；喜高温多湿

1551 **软枝粉蝉**（粉蝉）
Allemanda cathartica 'Jamaican Sunset'

夹竹桃科　　黄蝉属
常绿蔓性藤本

原种产南美洲
喜光；喜高温多湿

1552 **重瓣软枝黄婵**
Allemanda cathartica 'Williamsii Flore-Pleno'(*A. c.* 'Stansills Double')

夹竹桃科　　黄蝉属
常绿蔓性藤本

原种产南美洲
喜光；喜高温多湿，生育适温20～30℃

222

1553	**重瓣黄蝉** *Allemanda neriifolia* 'Plena' (*A. cathartica* 'Stansills Double', *A. c.* 'Williamsii Flore-Plono')	夹竹桃科　黄蝉属
		常绿蔓性灌木

原种产南美洲

喜光；喜高温，生育适温22～30℃；不耐旱

1554	**紫蝉**（紫花黄蝉） *Allemanda purpurea* (*A. blanchetii*,　*A.violacea*)	夹竹桃科　黄蝉属
		常绿蔓性藤本

原产美国南部及巴西

喜光，稍耐阴；喜高温，生育适温22～30℃；喜湿润

1555	珊瑚藤（红珊瑚、紫苞藤、朝日藤、爱之藤）	蓼科	珊瑚藤属
	Antigonon leptopus	半落叶攀缘藤本	

原产墨西哥
喜光；喜高温湿润，生育适温22～30℃，不耐寒

1556	白花珊瑚藤	蓼科	珊瑚藤属
	Antigonon leptopus 'Album'	半落叶攀缘藤本	

原种产墨西哥
喜光；喜高温湿润，生育适温22～30℃，不耐寒

224

1557	**粉珊瑚藤** *Antigonon leptopus* 'Salmoneus'	蓼科	珊瑚藤属
		半落叶攀缘藤本	

原种产墨西哥

喜光；喜高温湿润，生育适温22～31℃，不耐寒

1558	**美丽银背藤**（象藤、叶旋花） *Argyreia nervosa*	旋花科	银背藤属
		常绿藤本	

原产印度

喜光；喜高温湿润

木
本

225

巨花马兜铃（巨型马兜铃）

Aristolochia gigantea

<table>
<tr><td>马兜铃科</td><td>马兜铃属</td></tr>
<tr><td colspan="2">大型木质藤本</td></tr>
</table>

原产巴拿马至巴西

喜光；喜高温多湿，生育适温22～28℃

1560	耳叶马兜铃	马兜铃科	马兜铃属
	Aristolochia tagala	木质藤本	

原产喜马拉雅山至斯里兰卡、马来西亚、所罗
门群岛和澳大利亚

喜光；喜温暖至高温；喜湿

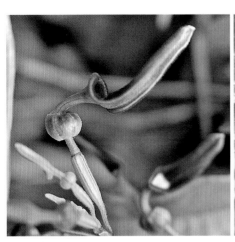

1561	首冠藤（深裂羊蹄甲）	苏木科	羊蹄甲属
	Bauhinia corymibosa	常绿藤本	

原产我国南部

喜光；喜暖热；耐旱

1562	**素心花藤**（可氏羊蹄甲）	苏木科	羊蹄甲属
	Bauhinia kockiana	常绿藤木	

原产马来半岛
喜光；喜高温湿润

摄于新加坡

1563	**毛叶羊蹄藤**	苏木科	羊蹄甲属
	Bauhinia sp.	常绿藤木	

原产缅甸、马来西亚
喜光；喜高温湿润

摄于新加坡

1564	**薄叶羊蹄甲** *Bauhinia tenuiflora* (*B. tenuifolia*)	苏木科	羊蹄甲属
		常绿灌木	

我国云南西双版纳有分布
喜光；喜高温湿润

1565	**大花清明花**（比蒙藤、炮弹果） *Beaumontia grandiflora*	夹竹桃科	清明花属
		常绿藤本	

原产我国云南及印度
喜光；喜温暖湿润，生育适温18～28℃

1566	**清明花** *Beaumontia jerdoniana*	夹竹桃科	清明花属
		常绿藤本	

原产印度

喜光；喜高温湿润

1567	**橙红叶子花** （橙宝巾、橙红三角花） *Bougainvillea buttiana* 'Mrs Mc Lean' (*B. b.* 'Pretoria')	紫茉莉科	叶子花属
		常绿粗大藤本	

原种产巴西

喜光；喜温暖至高温；喜湿润，稍耐旱

光叶子花（宝巾、三角花、光叶簕杜鹃）
Bougainvillea glabra

紫茉莉科　　叶子花属
常绿粗大藤本

木
本

原产巴西
喜光；喜温暖湿润，稍耐寒；耐旱

231

1569	**白叶子花**（白宝巾）	紫茉莉科	叶子花属
	Bougainvillea glabra 'Snow White'(*B. g.* var. *alba*)	常绿粗大藤本	

原种产巴西
喜光；喜温暖湿润，稍耐寒；耐旱

1570	**花叶叶子花**（白缘叶子花、斑叶宝巾、斑叶簕杜鹃）	紫茉莉科	叶子花属
	Bougainvillea glabra 'Variegata' (*B. g.* var. *v.*)	常绿粗大藤本	

原种产巴西
喜光；喜温暖湿润，稍耐寒；耐旱

1571	重瓣叶子花	紫茉莉科	叶子花属
	Bougainvillea hybrida	常绿粗大藤本	

原种产巴西

喜光；喜高温，不耐寒

1572	淡红叶子花（砖红叶子花）	紫茉莉科	叶子花属
	Bougainvillea spectabilis 'Lateritia' (*B. s.* var. *l., B. brasiliensis*)	常绿粗大藤本	

原种产巴西

喜光；喜暖热湿润，不耐寒；稍耐旱

毛叶子花
（艳红叶子花、三角花、毛宝巾、三角梅、九重葛、红苞藤）

Bougainvillea spectabilis

紫茉莉科　　叶子花属

常绿粗大藤本

原产巴西

喜光；喜温暖湿润，稍耐寒；耐旱

观赏蔓生及藤蔓植物

毛叶子花–中国红
Bougainvillea spectabilis 'Rubra'

紫茉莉科　叶子花属
常绿粗大藤木

木本

原种产巴西
喜光；喜暖热湿润，不耐寒；稍耐旱

粉叶子花

Bougainvillea spectabilis 'Salmonea'

紫茉莉科	叶子花属
常绿粗大藤本	

原种产巴西

喜光；喜暖热湿润，不耐寒；稍耐旱

金心叶子花（金心宝巾）

Bougainvillea spectoglabra

紫茉莉科	叶子花属
常绿粗大藤本	

原种产巴西

喜光；喜暖热湿润，不耐寒；稍耐旱

1577

双色叶子花（双色宝巾）
Bougainvillea spectoglabra 'Mary Palmer'

紫茉莉科	叶子花属
常绿粗大藤本	

原种产巴西
喜光；喜暖热湿润，不耐寒；稍耐旱

1578

大花卡麦藤
Camoensia maxima (*C. scandens*)

苏木科	卡麦属
常绿藤木	

产西非
喜光；喜高温湿润；耐旱

1579	**美国凌霄**（美洲凌霄、喇叭爬山虎、厚萼凌霄） *Campsis radicans*	紫葳科	凌霄属
		落叶攀缘灌木	

原产美国西南部
喜光；喜温暖湿润，生育适温20～28℃，耐－5℃

1580	**杂交凌霄** *Campsis tagliabuana* 'Mme. Galen'	紫葳科	凌霄属
		落叶乔木	

杂交种
喜光；喜温暖湿润

238

1581	**大花假虎刺**（洛石、大果假虎刺）	夹竹桃科	假虎刺属
	Carissa grandiflora（C. macrocarpa）	常绿藤本	

广布热带、亚热带地区

喜光；喜温暖至高温

1582	**南蛇藤**（炮仗藤）	卫矛科	南蛇藤属
	Celastrus angulatus	落叶藤本	

中国广布

喜光；喜温暖至高温高湿；耐旱

1583	绒苞藤（糊木） *Congea tomentosa*	六苞藤科	绒苞藤属
		攀缘状灌木	

原产马来西亚、缅甸和我国云南
喜光；喜高温湿润

1584	巴豆藤 *Craspedolobium schochii*	蝶形花科	巴豆藤属
		木质藤本	

产我国四川、云南、广西
喜光；喜温暖湿润

1585　南山藤（苦藤）

Dregea sinensis

萝摩科　南山藤属

攀缘木质藤本

产我国华南

喜光；喜高温湿润

1586　橙黄榕

Ficus aurantiacea (F. punctata)

桑科　榕属

常绿藤木

原产印度尼西亚、缅甸、菲律宾、泰国和越南

喜光，亦耐阴；喜高温湿润

| 1587 | **花叶薜荔** | 桑科 | 榕属 |
| | *Ficus pumila* 'Variegata'(*F. p.* 'Sonny White') | 常绿蔓性匍匐状小灌木 | |

栽培品种
耐阴；喜温暖湿润；喜微酸性土壤

| 1588 | **银斑常春藤**（杂色常春藤）［花小叶］ | 五加科 | 常春藤属 |
| | *Hedera canariensis* 'Variegata'(*H. algeriensis, H. maderensis*) | 常绿木质藤本 | |

原产非洲加那利群岛
喜光，亦耐阴；喜湿，亦耐旱

1589	金叶常春藤	五加科	常春藤属
	Hedera colchica 'Sulphur Heart'	常绿木质藤本	

栽培品种
喜光，亦耐阴；喜温暖湿润

1590	欧洲常春藤（常春藤、洋常春藤、英国常春藤）	五加科	常春藤属
	Hedera helix	常绿木质藤本	

原产英格兰
喜光，亦耐阴；较耐寒；喜湿，亦耐旱

1591	**金心常春藤**	五加科	常春藤属
	Hedera helix 'Aurea'(*H. h.* 'Goldheart')	常绿木质藤本	

原种产英格兰

喜光，亦耐阴；较耐寒；喜湿，亦耐旱

1592	**金边常春藤**（金容常春藤）[金花叶]	五加科	常春藤属
	Hedera helix 'Aureo-variegata'(*H. h.* 'Schester')	常绿木质藤本	

原种产英格兰

喜光，亦耐阴；较耐寒；喜湿，亦耐旱

1593 冰纹常春藤 （银叶常春藤）

Hedera helix 'Glacier'

五加科　　常春藤属

常绿木质藤本

原种产英格兰

喜光，亦耐阴；较耐寒；喜湿，亦耐旱

1594 欧洲花叶常春藤（撒银常春藤、银边常春藤）

Hedera helix 'Goldheart' (*H.h.* 'Gold Heart', H.h.'Silves Queen')

五加科　　常春藤属

常绿木质藤本

原种产英格兰

喜光，亦耐阴；较耐寒；喜湿，亦耐旱

1595 美斑常春藤 [大花叶]
Hedera helix 'Little Diamond'

五加科　　常春藤属
常绿木质藤本

原种产英格兰
喜光，亦耐阴；较耐寒；喜湿，亦耐旱

1596 小叶常春藤
Hedera helix 'Minima'

五加科　　常春藤属
常绿木质藤本

原种产英格兰
喜光，亦耐阴；较耐寒；喜湿，亦耐旱

1597	雪玉常春藤（白骑士常春藤、绿边常春藤）	五加科	常春藤属
	Hedera helix 'Sharfer'(*H. h.* 'White Knight')	常绿木质藤本	

原种产英格兰

喜光，亦耐阴；较耐寒；喜湿，亦耐旱

1598	中华常春藤（尼泊尔常春藤）	五加科	常春藤属
	Hedera nepalensis (*H. n.* var. *sinensis*)	常绿木质藤本	

我国分布南方各省

喜阴，极耐阴；不耐寒；宜中性或酸性土

1599	**木玫瑰**	旋花科	番薯属
	Ipomoea fistulosa	宿根藤本	

产亚洲热带，我国产华南和西南

喜光；喜高温湿润

1600	**清白素馨**（清香藤）	木樨科	茉莉属
	Jasminum lanceolarium (*J. lanceolaria, J. l.* var. *puberulum*)	常绿藤本	

产我国西南

喜光，亦耐阴；喜冷凉至温暖

1601	**云南黄馨**（大叶迎春、野迎春、云南迎春、南迎春）	木樨科	茉莉属
	Jasminum mesnyi	常绿半蔓性灌木	

原产我国云南

喜光，亦耐阴；喜温暖至高温，生育适温

18～28℃；喜微酸性土壤

1602	**北越素馨**（密花素馨）	木樨科	茉莉属
	Jasminum tonkinense	常绿攀缘灌木	

产我国西南部

喜光；喜温暖至高温湿润

249

| 1603 | **红金银花**（五彩金银花、荷兰忍冬） | 忍冬科 | 忍冬属 |

Lonicera japonica var. *chinensis*（*L. species, L. periclymenum*）　半常绿缠绕藤本

原种产欧洲、北非

喜光，亦耐阴；喜温暖至高温，生育适温15～28℃；耐旱，亦耐水湿

| 1604 | **猫爪藤**（猫爪花） | 紫葳科 | 猫爪藤属 |

Macfadyena unguis-cati（*Doxantha u.-c., Bignonia u.-c.*）　常绿蔓性藤本

原产危地马拉、阿根廷

喜光；喜温暖，生育适温18～26℃

插图：上海矿坑花园入口

观赏蔓生及藤蔓植物

250

| 1605 | **香花崖豆藤**（山鸡血藤） | 蝶形花科 | 崖豆藤属 |
| | *Millettia dielsiana (M. argyrnea, Callerya d.)* | 常绿木质藤本 | |

产我国长江以南各省

喜光，耐半阴；不耐寒；耐旱

| 1606 | **鸡血藤**（血藤、网络崖豆藤） | 蝶形花科 | 崖豆藤属 |
| | *Millettia reticulata* | 常绿攀缘藤本 | |

原产我国长江流域中下游

喜光，亦耐阴；喜温暖，不耐寒；耐干旱瘠薄

常春油麻藤（常绿油麻藤）

蝶形花科　　黎豆属

Mucuna sempervirens

常绿木质藤本

产我国云南、四川、贵州、湖北、江西等地

喜光，较耐阴；喜温暖湿润，生育适温18～26℃

观赏蔓生及藤蔓植物

1608	**粉花凌霄**（肖粉凌霄）	紫葳科	粉花凌霄属
	Pandorea jasminoides(*Bignonia j.* , *Tecoma j.*)	常绿木质藤本	

原产澳大利亚

喜光；喜高温，生育适温18~28℃；耐旱

1609	**斑叶粉花凌霄**（斑叶红心花）	紫葳科	粉花凌霄属
	Pandorea jasminoides 'Variegata' (*P. j.* 'Ense-V.')	常绿半蔓性灌木	

原种产澳大利亚

喜光；喜高温，生育适温18~28℃，不耐寒

1610	**肖粉凌霄**（非洲凌霄、紫芸藤）	紫葳科	肖粉凌霄属
	Podranea ricasoliana	常绿半蔓性藤木	

原产南非

喜光；喜高温湿润，生育适温18～28℃

	蒜香藤（蒜香花、大蒜藤、紫铃藤、张氏紫葳）	紫葳科	蒜香藤属
1611	*Pseudocalymma alliaceum* （*Bignonia alliacea*, *Mansoa hymenaea*, *Saritaea magnifica*）	常绿蔓性藤本	

原产西印度群岛、哥伦比亚、圭亚那和巴西

喜光；喜高温湿润，生育适温21～28℃

1612	荷包山桂花（黄花远志）	远志科	远志属
	polygala arillata	蔓性藤本	

产我国云南，四川、贵州、江西、福建等有分布

喜光，亦耐阴；喜温暖湿润，不耐寒

1613	老虎刺	苏木科	老虎刺属
	Pterolobium punctatum	常绿藤本	

分布我国西南、华中、华南

喜光；喜温暖；耐干旱瘠薄

1614	炮仗花（金齠花、火焰藤、黄鳝藤、炮仗藤）	紫葳科	炮仗藤属
	Pyrostegia venusta（*P. ignea*）	常绿木质藤本	

原产南美、巴西和巴拉圭

喜光；喜高温湿润，生育适温18～28℃；耐旱；喜酸性土壤

观赏蔓生及藤蔓植物

256

1615 使君子（留球子、舀球子、五棱子）
Quisqualis indica

使君子科　使君子属
落叶藤状灌木

原产东南亚及我国南部和西南
喜光；喜高温多湿，生育适温22～30℃

1616 爬树龙（过山龙）
Rhaphidophora decursiva

天南星科　崖角藤属
附生木质藤本

原产亚洲热带
喜光，亦耐阴；喜高温多湿，不耐寒；不耐旱

1617 **大叶崖角藤**
Rhaphidophora hookeri

天南星科　崖角藤属
附生木质藤本

产我国云南南部、贵州，以及越南、泰国
喜光，亦耐阴；喜高温多湿，不耐寒；不耐旱

1618 **上树蜈蚣**（过山龙）
Rhaphidophora lancifolia

天南星科　崖角藤属
附生木质藤本

产我国云南、广西，以及印度、孟加拉等地
喜光，亦耐阴；喜高温多湿，不耐寒；不耐旱

1619	**大叶南苏**（青竹标）	天南星科	崖角藤属
	Rhaphidophora peepla	常绿粗壮木质藤本	

产我国南部、西南

喜光，亦耐阴；喜高温多湿，不耐寒；不耐旱

1620	**花叶苏南**（花叶上树蜈蚣、花叶爬树龙）	天南星科	崖角藤属
	Rhaphidophora variegata	常绿大型藤本	

原产亚洲热带

喜光，亦耐阴；喜高温多湿，不耐寒；不耐旱

木

本

259

1621	**重瓣白木香**（白木香）	蔷薇科　蔷薇属
	Rosa banksiae var. *albo-plena* (*R. b.* 'A.-P.')	常绿攀缘性带刺灌木

原产我国西南、西北
喜光；喜温暖湿润；耐旱

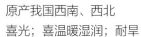

1622	**重瓣黄木香**	蔷薇科　蔷薇属
	Rosa banksiae var. *lutea* (*R. b.* 'L.')	常绿攀缘性带刺灌木

原产我国西南、西北
喜光；喜温暖湿润；耐旱

观赏蔓生及藤蔓植物

1623	**硕苞蔷薇** *Rosa bracteata*	蔷薇科	蔷薇属
		常绿藤状灌木	

产我国华中、华东、西南，日本亦产
喜光；喜温暖湿润；耐旱

1624	**藤本月季** *Rosa cultivars (R. climbing 'Rose')*	蔷薇科	蔷薇属
		半常绿灌木	

原产中国
喜光；喜温暖湿润，耐寒

261

1625 **荷花蔷薇** 蔷薇科　蔷薇属
Rosa multiflora 'Carnea'(*R. m. f. c.*) 落叶攀缘带刺灌木

原产中国、日本、朝鲜半岛
喜光，耐半阴；耐寒；耐旱；喜微酸性土壤

1626 **十姊妹**（七姊妹） 蔷薇科　蔷薇属
Rosa multiflora 'Platyphylla'(*R. m.* f. *p., R. m.* var. *carnea*) 落叶攀缘带刺灌木

原产中国、日本、朝鲜半岛
喜光，耐半阴；耐寒；耐旱；喜微酸性土壤

262

1627

大花香水月季（香水花、香蔷薇）

Rosa odorata var. *gigantea*

薔薇科　　薔薇属

常绿或半常绿攀缘带刺灌木

原产我国云南

喜光；喜温暖湿润

1628

红爆仗竹（炮竹红、爆仗花）[吉祥草]

Russelia equisetiformis (*R. juncea*)

玄参科　　爆仗竹属

常绿亚灌木

原产墨西哥

喜光；喜暖热湿润，生育适温22～30℃，越冬

12℃以上

黄爆仗竹（炮竹黄）[吉祥草]　　　　玄参科　　爆仗竹属
Russelia equisetiformis 'Flava'　　　　常绿亚灌木

原产墨西哥
喜光；喜高温湿润，生育适温22～30℃，越冬
12℃以上

粉爆仗竹（炮竹粉）　　　　　　　　玄参科　　爆仗竹属
Russelia equisetiformis 'Salmonea'　　　常绿亚灌木

原产墨西哥
喜光；喜高温湿润，生育适温22～30℃，越冬12℃以上

1631	黄金葛（花叶绿萝、绿萝）	天南星科	藤芋属
	Scindapsus aureus(*Epipremnum aureum, Rhaphidophora aurea*)	常绿大藤本	

原产亚洲热带

喜光，亦耐阴；喜高温高湿，生育适温15～25℃，越冬5～8℃；不耐旱

1632	白金葛（白金藤）	天南星科	藤芋属
	Scindapsus aureus 'Marble Queen'	常绿藤本	

原产亚洲热带

喜光，亦耐阴；喜高温高湿，不耐寒，不耐旱

插图：上海市区分车道景观之一

265

1633	穿鞘拔葜	拔葜科	拔葜属
	Smilax perfoliata	常绿攀缘灌木	

产我国南方、云南南部

喜光，耐半阴；喜高温多湿；耐干旱瘠薄

1634	光梭朗茄	茄科	朗茄属
	Solandra longiflora	常绿藤状灌木	

原产古巴、西班牙至葡萄牙之间和牙买加

喜光；喜高温湿润，生育适温20～30℃

| 1635 | **金杯花**（金杯藤、金盏藤） | 茄科 | 朗茄属 |
| | *Solandra maxima*(*S. nitida*) | 常绿半蔓性灌木 | |

原产墨西哥

喜光；喜高温湿润，生育适温18～30℃

| 1636 | **地不容**（山乌龟） | 防己科 | 千金藤属 |
| | *Stephania delavayi* (*S. graciliflora*) | 球根藤本 | |

产我国西南

喜光；喜温暖至暖热；耐旱，忌积水；喜钙质土壤

1637	**大叶地不容**（山乌龟） *Stephania dolichopoda*	防己科	千金藤属
		球根藤本	

产我国西南
喜光；喜温暖至暖热；耐旱，忌积水；喜钙质土壤

1638	**蜡花黑鳗藤**（夜来香、马岛茉莉） *Stephanotis floribunda*	萝摩科	黑鳗藤属
		常绿木质藤本	

原产马达加斯加和东南亚等地
喜光；喜温暖至高温；喜湿润，亦耐旱

1639	大序玉花豆（玉藤）	蝶形花科	玉花豆属
	Strongylodon macrobotrys	常绿藤木	

原产菲律宾

喜光，稍耐阴；喜高温湿润

摄于新加坡

1640	毛旋花（旋花羊角拗、奶油果）	夹竹桃科	羊角拗属
	Strophanthus gratus	半蔓性灌木	

原产非洲热带

喜光；喜高温多湿，生育适温22～30℃，越冬10℃以上

| 1641 | **硬骨凌霄**（南非凌霄、非洲凌霄、四季凌霄）
Tecomaria capensis（Tecoma c.） | 紫葳科 | 硬骨凌霄属 |
| | | 常绿半蔓性灌木 | |

原产南非好望角

喜光；喜高温，生育适温22～23℃；耐旱

| 1642 | **扁担藤**
Tetrastigma planicaule | 葡萄科 | 崖爬藤属 |
| | | 常绿木质藤本 | |

产我国福建、广东、广西、贵州、云南等地

喜半阴，且耐阴；喜温暖湿润

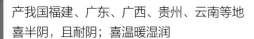

| 1643 | **大花老鸦嘴**（大花山牵牛、大邓伯花、山牵牛） | 爵床科 | 老鸦嘴属 |
| | *Thunbergia grandiflora* | 常绿蔓性藤本 | |

原产中南半岛、孟加拉、印度及我国南部
喜光；喜高温多湿，生育适温22～30℃

| 1644 | **花叶大花老鸦嘴** | 蓖麻科 | 老鸦嘴属 |
| | *Thunbergia grandiflora* 'Variegata' | 常绿蔓性藤本 | |

原产印度
喜光；喜高温湿润

1645	**络石**（白花藤、石花藤） *Trachelospermum jasminoides*	夹竹桃科	络石属
		常绿木质藤本	

我国主产长江流域

喜光，亦耐阴；喜温暖湿润；抗干旱，亦抗海潮风

1646	**三星果藤**（三星果、星果藤、蔓性金虎尾） *Tristellateia australasiae*	金虎尾科	三星果属
		常绿藤木	

原产我国台湾至马来半岛、澳大利亚及太平洋诸岛

喜光；喜高温湿润，生育适温22～30℃

观赏蔓生及藤蔓植物

1647 大纽子花（糯米饭花）

Vallaris indecora

夹竹桃科　　纽子花属

常绿攀缘灌木

原产我国，长江流域以南各省广布

喜光；喜温暖至高温，生育适温20～28℃

1648 多花紫藤（日本紫藤、朱藤）

Wisteria floribunda（Wistaria f.）

蝶形花科　　紫藤属

落叶攀缘灌木

原产日本，我国长江以南普遍栽培

喜光；喜温暖湿润

1649	见血飞	苏木科	苏木属
	Caesalpinia cucullata	常绿藤木	

产我国云南勐腊、景洪

喜光，亦耐阴；喜高温高湿

观赏蔓生及藤蔓植物

1650	金鱼藤	玄参科	金鱼藤属
	Asarina procumbens	宿根匍匐性草本	

原分布于欧洲

喜阴；喜温暖至高温；喜湿润，不耐旱

毛萼口红花（口红花、大红芒毛苣苔）

苦苣苔科　芒毛苣苔属

Aeschynanthus lobbianus (*A. radicans*)

常绿悬垂性宿根花卉

原产新加坡、马来半岛、苏门答腊、泰国、爪哇

喜光，亦耐半阴；喜高温多湿，生育适温

18～30℃，越冬15℃以上

| 1652 | **铺地锦竹草**（翠玲珑） | 鸭跖草科 | 锦竹草属 |
| | *Callisia repens* | 匍匐蔓性宿根花卉 | |

原产美洲热带

喜半日照，亦耐阴；喜高温多湿，生育适温
20～28℃

| 1653 | **花叶锦竹草**（三色水竹草） | 鸭跖草科 | 锦竹草属 |
| | *Callisia repens* 'Variegata' (*Tradescantia* 'Quadricolor') | 匍匐蔓性宿根花卉 | |

原种产美洲热带

喜半日照，亦耐阴；喜高温多湿，生育适温
20～28℃

1654 **蔓美洲茶**
Ceanothus 'Repens'

鼠李科	美洲茶属
蔓性草本	

原种产美洲
喜光；喜温暖湿润

1655 **威灵仙**（小木通）
Clematis chinensis

毛茛科	铁线莲属
蔓性藤本	

广布我国长江流域中、下游及以南各省区
喜光，耐半阴；喜温暖湿润至暖热；耐干旱瘠薄

1656	**发结铁线莲** *Clematis fargesioides* 'Paul Farges'	毛茛科　　铁线莲属
		一年生缠绕花卉

杂交种

喜光；喜冷凉至温暖

1657	**垂茉莉**（黑叶龙吐珠） *Clerodendrum wallichii*	马鞭草科　　赪桐属
		常绿半蔓性藤本

产我国南部，以及印度、尼泊尔

喜光，亦耐半阴；喜温暖至高温，生育适温

18～28℃

1658	蝶豆（蝴蝶花豆、蓝蝴蝶、蓝花豆）	蝶形花科	蝶豆属
	Clitoria ternatea	多年生蔓性草本	

原产南美洲、印度和马来西亚
喜光；喜高温，生育适温22～32℃

1659	旋花（篱天剑、篱打碗花）	旋花科	旋花属
	Convolvulus cneorum	一年生缠绕花卉	

广布温带至亚热带
喜光；喜温暖湿润

1660	**玩偶**（观赏瓜）	葫芦科	南瓜属
	Cucurbita moschata 'Decorative Cushaw'	一年生蔓性草本	

原产南美
喜光；喜温暖湿润；喜中性或微酸性土壤

1661	**花盘南瓜**	葫芦科	南瓜属
	Cucurbita moschata 'Flowerplate Cushaw'	一年生蔓性草本	

原产南美
喜光；喜温暖湿润；喜中性或微酸性土壤

观赏蔓生及藤蔓植物

280

观赏南瓜（观赏北瓜、看瓜）

Cucurbita pepo 'Ovifera' (*C. p.* var. *o.*)

葫芦科	南瓜属
一年生蔓性草本	

草本

原产南美

喜光；喜温暖至高温，生育适温20～30℃；喜中性或微酸性土壤

1663	银舖	旋花科	马蹄金属
	Dichondra repens cv.	宿根悬垂性草本	

原种产澳大利亚、西印度群岛、日本、中国

喜光，亦耐半阴；喜高温多湿；生育适温20～28℃，越冬-8℃；耐旱

1664	麒麟叶（拎树藤）	天南星科	麒麟叶属
	Epipremnum pinnatum	常绿攀缘植物	

原产亚洲热带，澳大利亚

喜光，亦耐阴；喜高温高湿，生育适温20～28℃

1665 花叶麒麟叶

Epipremnum pinnatum 'Variegata'

天南星科	麒麟叶属
常绿攀缘植物	

原种产亚洲热带，澳大利亚

喜光，亦耐阴；喜高温高湿，生育适温20～28℃，越冬13℃以上

1666 花叶欧亚活血丹（斑叶活血丹、金叶金钱薄荷）

Glechoma hederacea 'Variegata'

唇形科	活血丹属
宿根匍匐草本	

原种产欧洲、西亚

喜光，亦耐半阴；喜温暖湿润，不耐严寒

长柄葫芦
Lagenaria siceraria cv.

葫芦科	葫芦属
一年生蔓性草本	

原种产中国

喜光；喜温暖至高温，生育适温20～30℃

观赏葫芦
Lagenaria siceraria 'Gourda' (*L. vulgaris*)

葫芦科	葫芦属
一年生蔓性草本	

原种产中国

喜光；喜温暖至高温，生育适温20～30℃

1669 **鹤首葫芦** | 葫芦科 | 葫芦属
Lagenaria valgaria var. *cahata* 'Heslouhulu' | 一年生蔓性草本

原产中国

喜光；喜温暖至高温，生育适温20～30℃

1670 **香豌豆**（麝香豌豆、花豌豆） | 蝶形花科 | 香豌豆属
Lathyrus odoratus | 一年生缠绕蔓性草本

原产意大利西西里岛

喜光，稍耐阴；喜温暖，生育适温10～25℃；不耐干旱瘠薄

1671	**粉飘香藤**（粉双喜藤、粉纹藤） *Mandevilla* 'Alice Du Pont' (*Dipladenia* 'A. D. P.', *M. splendens*, *M. amabilis*)	夹竹桃科	巴西素馨属
		常绿藤本	

原种产巴西

喜光；喜高温多湿

1672	**白飘香藤**（白双喜藤、白纹藤） *Mandevilla sanderi* 'Alba' (*Dipladenia s.* 'A.')	夹竹桃科	巴西素馨属
		常绿藤本	

原种产巴西

喜光；喜高温多湿

1673　**红飘香藤**（红双喜藤、红纹藤）　夹竹桃科　巴西素馨属
Mandevilla sanderi 'Red Riding Hood' (*Dipladenia s.* 'Re. Ri. H.')　常绿藤本

原种产巴西
喜光；喜高温多湿

1674　**玫飘香藤**（玫红双喜藤、玫红纹藤）　夹竹桃科　巴西素馨属
Mandevilla sanderi 'Rosea' (*Dipladenia s.* 'R.')　常绿藤本

原种产巴西
喜光；喜高温多湿

1675	**木鳖子**（番木鳖） *Momordica cochinchinensis*	葫芦科	苦瓜属
		多年生粗壮大藤本	

分布中南半岛，我国华东、华中及西南

喜光；喜温暖湿润

雄花

肾形苞片

1676	**鸡矢藤**（牛皮冻、女青） *Paederia scandens*（*P. s. var. s.*, *P. tomentosa*, *P. foetida*）	茜草科	鸡矢藤属
		半木质缠绕藤本	

产中国

喜光，亦耐阴；喜温暖湿润，生育适温20～30℃；不耐旱

观赏蔓生及藤蔓植物

1677 美国爬山虎（五叶地锦、美国地锦）

Parthenocissus quinquefolia

葡萄科　爬山虎属

落叶草质藤本

原产美国东部，中国各地广为栽培

喜光，稍耐阴；喜温暖至高温，极耐寒；耐旱，亦耐湿

1678 爬山虎（爬墙虎）

Parthenocissus tricuspidata (*P. semicordata*)

葡萄科　爬山虎属

落叶草质藤本

原产美国东部

畏强光，耐阴；耐寒；喜湿亦耐旱；适应性强

三叶爬山虎（三叶地锦）

Parthenocissus semicordata (*P. himalayana*)

葡萄科　　爬山虎属

落叶草质藤本

产中国西北、西南

喜光，亦耐阴；喜温暖湿润，耐寒

观赏蔓生及藤蔓植物

南京杜鹃花展入口

红花西番莲（洋红西番莲、洋石榴）

1680

Passiflora coccinea (*P. fulgens, P. velutina*)

西番莲科	西番莲属
常绿蔓性藤本	

原产南美、圭亚那

喜光；喜高温高湿，生育适温22～30℃

西番莲（时钟花、巴西果、热情果、时计草、蓝花鸡）

1681

Passiflora coerulea

西番莲科	西番莲属
常绿蔓性藤本	

原产巴西南部、巴拉圭至阿根廷

喜光；喜高温高湿，生育适温22～30℃，越冬6℃以上；耐旱

1682	紫果西番莲（鸡蛋果、百香果）	西番莲科	西番莲属
	Passiflora edulis	常绿蔓性藤本	

原产加勒比海大、小安的列斯群岛

喜光；喜温暖湿润，生育适温20～28℃

1683	毛西番莲	西番莲科	西番莲属
	Passiflora foetide （*P. f.* var. *hispida*）	常绿蔓性藤本	

原产南美洲

喜光；喜高温湿润，生育适温20～30℃

观
赏
蔓
生
及
藤
蔓
植
物

垂吊天竺葵
1684 （盾叶天竺葵、蔓性天竺葵、常春藤叶天竺葵）

Pelargonium peltatum-hybrids（*P. peltatum*）

牻牛儿苗科	天竺葵属
常绿蔓性宿根花卉	

原产南非

喜光，耐半阴；不耐寒；稍耐旱，不耐水涝

垂吊矮牵牛
1685
Petunia hybrida cv.

茄科	矮牵牛属
常绿蔓性植物	

原种产南美洲

喜光耐半阴；喜温暖，生育适温15～30℃；喜微酸性土壤

1686	**槭叶牵牛**（五爪金龙、牵牛花、假薯藤）	旋花科	牵牛属
	Pharbitis cairica（Ipomoea c.）	宿根蔓性草本	

原产亚洲、非洲热带

喜光；喜温暖至高温湿润，生育适温20～30℃

1687	**裂叶牵牛**（牵牛花、喇叭花）	旋花科	牵牛属
	Pharbitis nil（Ipomoea n.）	一年生缠绕花卉	

原产亚洲、美洲热带

喜光；喜温暖湿润，生育适温20～30℃；耐干旱瘠薄

观
赏
蔓
生
及
藤
蔓
植
物

1688	圆叶牵牛（喇叭花、牵牛花、圆叶牵牛花）	旋花科	牵牛属
	Pharbitis purpurea (*Ipomoea p.*)	一年生缠绕花卉	

原产南美洲

喜光；喜温暖，生育适温20～30℃；耐干旱瘠薄

1689	派特来	马鞭草科	派特来属
	Petraeovitex wolfei	常绿藤本植物	

产马来半岛和泰国

喜光；喜高温湿润

三色牵牛（三色喇叭花）　　　旋花科　　牵牛属

Pharbitis tricolor (Ipomoea t., I. rubrocaerulea, Ph. r.)　　一年生缠绕花卉

原产亚洲、非洲热带

喜光；喜高温湿润；耐干旱瘠薄

观赏蔓生及藤蔓植物

1691	**攀蔓绿绒**（攀缘喜林芋）	天南星科	喜林芋属
	Philodendron scandens（Scindapsus s.）	常绿蔓性藤本	

原产美洲热带

较耐阴；喜高温高湿，不耐寒；不耐旱

1692	**玲珑冷水花**（婴儿泪、宝宝泪）	荨麻科	冷水花属
	Pilea depressa	常绿匍匐草本	

原产波多黎各

喜半阴，亦耐阴；喜高温多湿，生育适温20～28℃；耐水湿

傣族象赛（竹艺）

何首乌（夜交藤）	蓼科	蓼属

1693

Polygonum multiflorum（Fallopia multiflora、Pmuricatum）

宿根缠绕性草本

中国广布

喜光；喜温暖湿润；耐干旱瘠薄

人体造型

观赏蔓生及藤蔓植物

欧洲何首乌	蓼科	蓼属

1694

Polygonum multiflorum cv.

多年生缠绕性草本

栽培品种，原产中国

喜光；喜温暖湿润；耐干旱瘠薄

1695 四棱豆
Psophocarpus tetragonolobus

蝶形花科　四棱豆属

亚灌木状缠绕植物

原产热带非洲和东南亚

喜光；喜暖热至高温，不耐寒；耐旱

1696 茑萝（羽叶茑萝、绕龙花、锦屏封、游龙草、缕红草）
Quamoclit pennata（Ipomoea multifida, I. quamoclit, I. coccinea）

旋花科　茑萝属

一年生缠绕草本

原产南美

喜光；喜高温多湿，生育适温22～30℃；极耐
旱；喜石灰质土壤

| 1697 | **槭叶茑萝**（掌叶茑萝、葵叶茑萝）
Quamoclit sloteri（*Qu. hibrid, Ipomoea s., I. quamoclix* 'H.'） | 旋花科　茑萝属
一年生缠绕草本 |

亲本原产南美

喜光；喜温暖至高温，生育适温22～30℃；极耐旱

| 1698 | **蔓黄金菊**（火焰藤）
senecio confusus（*Pseudogynoxus confusus, P. chenopodioides*） | 菊科　千里光属
草质藤本 |

产非洲

喜光；喜高温湿润

上海溢桐屋顶花园之一

1699 齿叶赤瓟

Thladiantha dentata

葫芦科　　赤瓟属

宿根草质藤本

原产中国，西南为主

喜光；喜温暖湿润；耐旱，忌积水

1700 翼叶老鸦嘴（翼叶山牵牛、黑眼苏珊）[黑眼花]

Thunbergia alata

爵床科　　老鸦嘴属

常绿宿根蔓性花卉

原产东南非

喜光；喜高温多湿，生育适温20～28℃；耐旱

1701	**硬枝老鸦嘴**（灌状山牵牛、蓝吊钟、立鹤花）	爵床科	老鸦嘴属
	Thunbergia erecta (*T. affinis*)	蔓性藤本	

原产非洲热带

喜光；喜高温湿润，生育适温22～30℃；耐旱

1702	**桂叶老鸦嘴**（大白花老鸭嘴）	爵床科	老鸦嘴属
	Thunbergia grandiflora 'Alba''(*T. fragrans*)	蔓性藤本	

原产印度

喜光；喜温暖湿润，生育适温22～30℃

1703 非洲老鸦嘴［白眼花］
Thunbergia gregorii

爵床科　老鸦嘴属

常绿宿根蔓性花卉

原产东南非
喜光；喜高温多湿，生育适温20～28℃；耐旱

1704 吊竹梅（吊竹草、红背鸭跖草）
Zebrina pendula（*Tradescacantia zebrina, T. p.*）

鸭跖草科　吊竹梅属

常绿蔓性宿根花卉

原产墨西哥
喜光；喜温暖湿润，生育适温12～25℃，越冬8℃以上；不耐旱，耐水湿

大吊竹梅（红背鸭跖草、大吊竹草）

Zebrina purpusii

鸭跖草科　　吊竹梅属

常绿蔓性宿根花卉

原产墨西哥

喜光；喜温暖湿润，生育适温12～25℃，越冬
8℃以上；不耐旱，耐水湿

红吊竹梅

Zebrina rosea

鸭跖草科　　吊竹梅属

常绿蔓性宿根花卉

原种产墨西哥

耐阴；喜温暖湿润

観
賞
蔓
生
及
藤
蔓
植
物

拉丁名索引

拉丁名索引

拉丁名索引

拉
丁
名
索
引

拉
丁
名
索
引

拉
丁
名
索
引

中文名索引

中文名索引

316

中
文
名
索
引

科属索引

科属索引

科属索引

科属索引

后记

　　本书收集了生长在国内外的观赏植物3237种（含341个品种、变种及变型），隶属240科、1161属，其中90%以上的植物已在人工建造的景观中应用，其余多为有开发应用前景的野生花卉及新引进待推广应用的"新面孔"。86类中国名花，已收入83类（占96%）。本书的编辑出版是对恩师谆谆教诲的回报，是对学生期盼的承诺，亦是对始终如一给予帮助和支持的家人及朋友的厚礼。

　　本书的编辑长达十多年，参与人员30多位，虽然照片的拍摄、鉴定、分类及文稿的编辑撰写等主要由我承担，但很多珍贵的信息、资料都是编写人员无偿提供的，对他们的无私帮助甚为感激。

　　在本书出版之际，我特别由衷地感谢昆明植物园"植物迁地保护植物编目及信息标准化（2009ＦＹ1202001项目）"课题组及西南林业大学林学院对本书出版的赞助；感谢始终帮助和支持本书出版的伍聚奎、陈秀虹教授，感谢坚持参与本书编辑的云南师范大学文理学院"观赏植物学"项目组的师生，如果没有你们的坚持奉献，全书就不可能圆满地完成。

　　最后还要感谢中国建筑工业出版社吴宇江编审的持续鼓励、帮助和支持，感谢为本书排版、编校所付出艰辛的各位同志，谢谢你们！

　　由于排版之故，书中留下了一些"空窗"，另加插图，十分抱歉，请谅解。

　　愿与更多的植物爱好者、植物科普教育工作者交朋友，互通信息，携手共进，再创未来。

编者

2015年元月20日